방 배치가 좋 ⋯⋯ 결된다!

방 배치 도감

콜라보하우스 1급 건축사 사무소 지음 | 이지호 옮김

한스미디어

방 배치를
어떻게
해야 할지

고민이네…

?

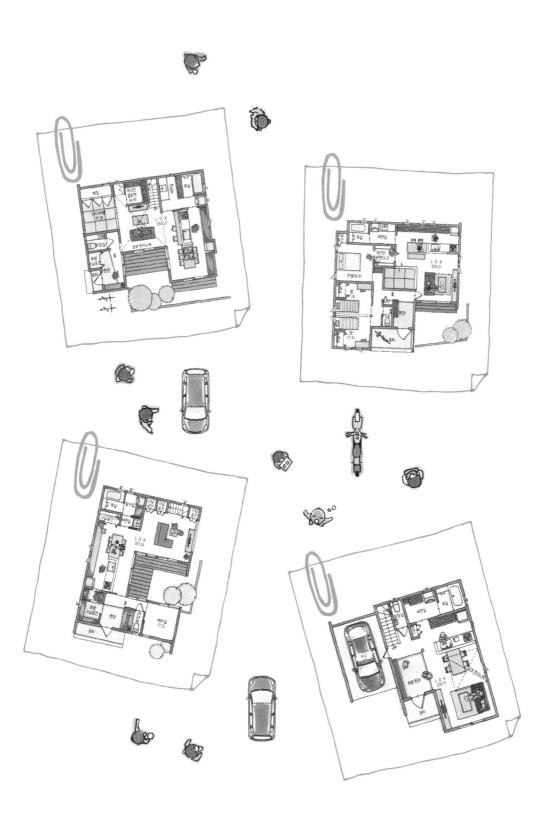

다양한
'샘플' 중에서
이상적인 방 배치를
찾아보자!

서문

'집을 지을 때 가장 중요한 것은 방의 배치'입니다.

이유는 간단합니다. 방 배치가 좋아야 생활하기 편하지요.

거실은 정사각형으로 만들까? 아니면 직사각형으로 만들까? 주방 옆에는 수납공간을 둘까? 아니면 세면실을 배치할까? 아이들 방은 따로 마련해야 할까? 아니면 한방에서 지내게 할까?

양쪽 모두 정답이라고도 정답이 아니라고도 할 수 있습니다. 방 배치의 정답은 그 집에 사는 사람에 따라 달라지거든요. 가족의 나이나 취미, 기상 시간이나 식사 시간에 따라서도 생활하는 데 편한 방 배치가 달라지지요.

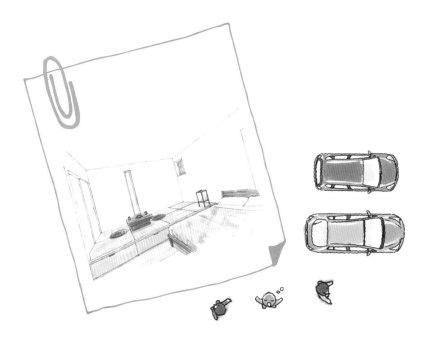

그래서 이 책에서는 어떤 가족이, 어떤 고민거리가 있으며, 어떤 생활을 하고 싶어서 그런 방 배치를 선택했는지 자세히 해설했습니다. 도심에 자리한 작은 집이지만 1년 내내 환하고 통풍이 잘되는 주택, 광열비를 절약하면서도 꿈에 그리던 후키누케(하층 부분의 천장과 상층 부분의 바닥을 설치하지 않음으로써 상하층을 연속시킨 공간)를 실현한 주택, 바닥파인 남편도 침대파인 아내도 쾌적하게 잘 수 있는 주택 등 모두 그 집에 사는 가족에게는 정답인 방 배치들이지요. 말하자면 '방 배치 도감'이라고나 할까요?

이 책에 실린 방 배치 중에는 이미 지어진 집도 아직 계획 단계인 집도 있지만 하나같이 주인의 마음과 설계사의 지혜가 가득 담겨 있습니다. 앞으로 집을 지으려는 분들에게 힌트가 된다면 기쁘겠습니다.

Contents

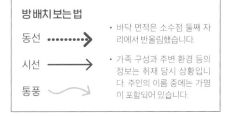

방 배치 보는 법

동선 ┈┈┈➤

시선 ──────➤

통풍 〰➤

• 바닥 면적은 소수점 둘째 자리에서 반올림했습니다.

• 가족 구성과 주변 환경 등의 정보는 취재 당시 상황입니다. 주인의 이름 중에는 가명이 포함되어 있습니다.

Staff
디자인
미키 슌이치 + 다카미 도모코(분쿄도안실)
편집 협력
고바야시 아야카, 요모카와 메구미
(주식회사카덱 www.caddec.com)

좋아하는 북유럽 가구와 분위기를 맞춘 오더메이드 주택

　가족 모두 카페 투어가 취미라는 도이. 가구나 잡화에도 신경 쓰는 편으로, 북유럽의 디자이너가 디자인한 제품을 모으고 있다. 그렇다 보니 집을 짓는다면 그런 가구·잡화가 어울리는 분위기로 만들고 싶었다. "취향이 워낙 확실해서인지, 설계사와의 커뮤니케이션도 아주 원활했습니다. 미팅할 때마다 항상 즐겁게 대화를 나눌 수 있었지요."

　특히 눈에 잘 띄는 수납공간과 창호를 신경 썼다. 부드러운 인상을 주는 소나무로 소재를 통일해 따뜻한 분위기를 연출했다. "가지고 있었던 가구에 맞춰서 카운터·창틀·책장까지 세세하게 주문 제작을 해, 분양 주택에서는 꿈꿀 수 없는 이상적인 집을 완성했습니다."

◤ 세세한 부분까지 북유럽 카페풍으로

① 전망이 좋은 바깥 경치
② 루이스 폴센 조명으로 차분한 분위기를
③ 다이닝룸과는 별도로 편안한 한때를 보낼
　 수 있는 코너
④ 바닥과 창틀은 부드러운 분위기의 소나무로
⑤ 카운터 바깥쪽은 잡지 수납장으로 활용
⑥ 주방 뒤쪽의 선반은 여러 가지 커피 도구를
　 놓을 수 있도록 약간 깊게 디자인

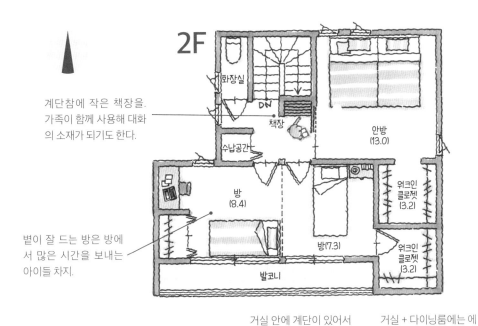

2F

계단참에 작은 책장을. 가족이 함께 사용해 대화의 소재가 되기도 한다.

화장실

DN

책장

수납공간

안방 (13.0)

방 (8.4)

볕이 잘 드는 방은 방에서 많은 시간을 보내는 아이들 차지.

위크인 클로젯 (3.2)

방(7.3)

위크인 클로젯 (3.2)

발코니

거실 안에 계단이 있어서 가족이 자연스럽게 얼굴을 마주할 수 있다.

거실 + 다이닝룸에는 에이징(Aging) 가공을 한 목제 바닥을 깔았다.

1F

커피 기구를 놓을 수 있도록 선반을 깊게 만들었다.

수납공간

다다미방 (7.3)

벽장

UP

커피

욕실

L·D·K (33.2)

잡지 수납장을 설치한 카운터.

카페 분위기를 연출 ♪

세면실

독서와 커피 타임을 즐기는 코너.

홀

화장실

현관

기성품 섀시를 감추고자 나무 프레임을 덧댔다.

토방 수납공간

Data
부부 + 아이 2명(11세·15세)
바닥 면적 … 1F : 66.2m² | 2F : 47.2m²
※ 이 책에 표기된 연령은 모두 만 나이이다.

성리정돈

세련됨

안락함

천장과 바닥의 높이에 변화를 줌으로써
공간이 넓어 보이는 마술을 부리다

지금도 동창들과 가족처럼 자주 모인다는 아내 가호. "아이들과 함께 모여도 좁게 느껴지지 않고 화기애애한 한때를 보낼 수 있는 그런 집을 바랐어요."

포인트는 바닥의 높이. "주방만 바닥을 한 단 낮췄어요. 안쪽이 강조되어서 시선이 그대로 깊숙한 곳을 향하게 되지요. 집에 오는 사람마다 방에 들어서는 순간 '우와, 넓다!'라면서 깜짝 놀란답니다." 요리하다가 즐겁게 수다를 떨 수 있는 것도 이 단차 덕분이다. "주방에 서서 요리하는 저와, 소파나 의자에 앉아 있는 사람의 눈높이가 딱 일치하지요. 그래서 편하게 이야기를 나눌 수 있고 일체감도 느껴진답니다. 정말 꿈꿔왔던 집이에요."

▣ 거실이 넓게 느껴지는 시각의 마술

① 거실 천장은 주방과 다이닝룸보다 한 단 높게
② 주방 바닥은 거실과 다이닝룸보다 한 단 낮게
③ 거실과 다이닝룸 바닥에는 주방보다 밝은색의 물푸레나무를 사용해 넓어 보이게

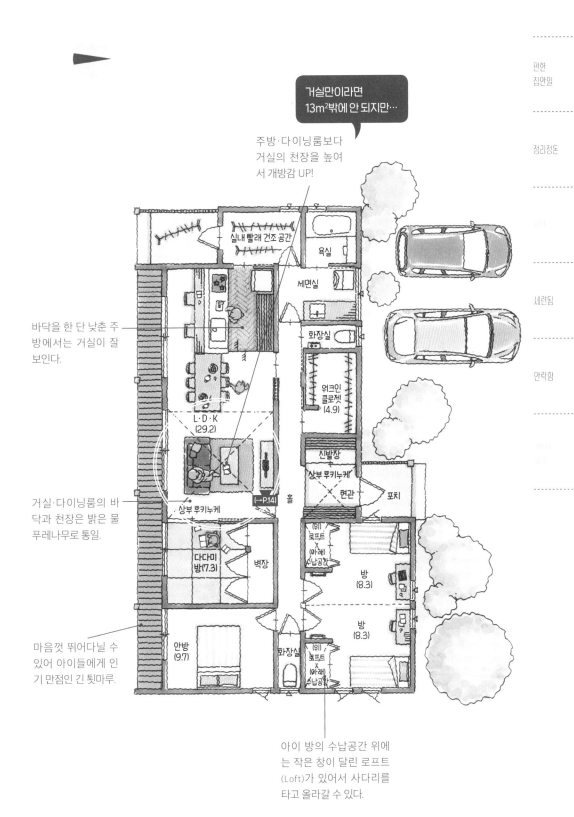

거실만이라면
13m²밖에 안 되지만…

주방·다이닝룸보다
거실의 천장을 높여
서 개방감 UP!

바닥을 한 단 낮춘 주
방에서는 거실이 잘
보인다.

실내 빨래 건조 공간

욕실

세면실

화장실

워크인
클로젯
(4.9)

L·D·K
(29.2)

신발장

상부 후키누케

현관

포치

(→P.14)

홀

상부 후키누케

거실·다이닝룸의 바
닥과 천장은 밝은 물
푸레나무로 통일.

다다미
방(7.3)

벽장

(위)
로프트
(아래)
수납공간

방
(8.3)

방
(8.3)

마음껏 뛰어다닐 수
있어 아이들에게 인
기 만점인 긴 툇마루.

안방
(9.7)

화장실

(위)
로프트
X
(아래)
수납공간

아이 방의 수납공간 위에
는 작은 창이 달린 로프트
(Loft)가 있어서 사다리를
타고 올라갈 수 있다.

Data
부부 + 아이 2명(3세·7세)
바닥 면적 … 105.2m²

편한
집안일

정리정돈

세련됨

안락함

청소기도 책도 웃옷도 전부 여기에!
아주 편리한 거실 옆 수납공간

워크인클로젯(4.9)

예전에는 가족이 쓰는 자질구레한 물건들이 집 안 여기저기에 어지럽게 흩어져 있었다는 시게마쓰. "아이가 셋이다 보니 집 안이 어질러지는 건 어쩔 수 없지만, 정리라도 쉽게 할 수 있으면 좋겠습니다."

그 고민을 해결하기 위해 거실 옆에 대용량의 워크인클로젯을 만들었다. 워크인클로젯(WIC: Walk-In Closet)은 안에 들어가서 옷을 꺼내거나 입어볼 수 있는 수납공간이다. "약 5m²의 워크인클로젯을 만들었습니다. 처음에는 '차라리 거실이 좀 더 넓은 편이 낫지 않을까?' 싶었지만, 집이 깔끔해질 수 있다면 만족이라는 생각에 설계사의 제안을 받아들였습니다."

그리고 이 집에 살기 시작하자마자 워크인클로젯의 위력을 실감하게 되었다. "그전까지는 '어차피 금방 다시 쓸 테니까'라는 생각에 치우지 않고 뒀던 물건들을 저도 아내도 망설임 없이 치우게 되었습니다. 청소기나 근육 트레이닝 기구 같은 덩치가 큰 물건은 물론이고 책, 귀이개, 가위 같은 것까지 전부 여기에 수납하니까 바로바로 치울 수 있어서 편하네요."

미닫이문을 닫으면 갑자기 손님이 와도 안심할 수 있다. "말하자면 물건의 피난소입니다. '일단은 여기에'로 여러 번 위기를 벗어날 수 있었지요."

그 밖에도 현관 옆에 있는 토방 수납공간과 2층의 가족 워크인클로젯 등 넓은 수납공간을 적재적소에 배치했다. "치우는 것뿐 아니라 찾는 것도 편해졌답니다. '그거 어디에 뒀더라?'가 줄어들면 일상의 작은 스트레스도 줄어듭니다."

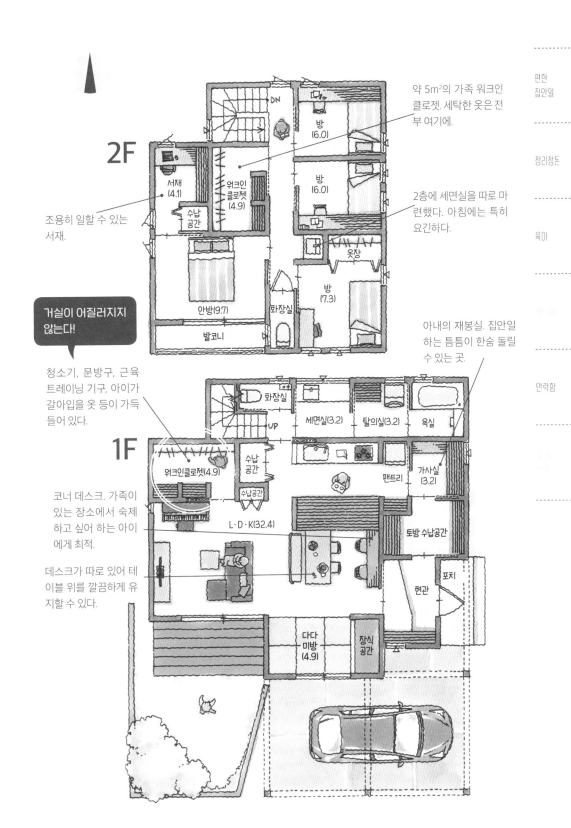

2F

약 5m²의 가족 워크인 클로젯. 세탁한 옷은 전부 여기에.

DN

방 (6.0)

방 (6.0)

서재 (4.1)

워크인 클로젯 (4.9)

수납 공간

옷장

조용히 일할 수 있는 서재.

2층에 세면실을 따로 마련했다. 아침에는 특히 요긴하다.

안방(9.7)

화장실

방 (7.3)

발코니

거실이 어질러지지 않는다!

아내의 재봉실. 집안일 하는 틈틈이 한숨 돌릴 수 있는 곳.

청소기, 문방구, 근육 트레이닝 기구, 아이가 갈아입을 옷 등이 가득 들어 있다.

1F

화장실

세면실(3.2)

탈의실(3.2)

욕실

수납 공간

수납공간

워크인클로젯(4.9)

팬트리

가사실 (3.2)

코너 데스크. 가족이 있는 장소에서 숙제 하고 싶어 하는 아이에게 최적.

L·D·K(32.4)

토방 수납공간

데스크가 따로 있어 테이블 위를 깔끔하게 유지할 수 있다.

현관

포치

다다미방 (4.9)

장식 공간

Data
부부 + 아이 3명(2세·5세·10세)
바닥 면적 ··· 1F : 76.2m² | 2F : 53.0m²

거실 내 계단은
장점이 한가득!

아이들이 자라도 하루에 한 번은 얼굴을 마주할 수 있는 집을 만들고 싶었다는 미우라. "안녕히 주무셨어요?" "다녀왔습니다" "다녀올게요" 등 안부 인사를 자연스럽게 나눌 수 있는 집을 원했는데, 소셜네트워크서비스 등에서 본 거실에 계단이 있는 방 배치가 마음에 끌렸다. "가족이 거실에 쉽게 모일 수 있고, 겉으로 보기에도 세련되어서 괜찮겠다 싶었습니다."

그 결과 약 36m²의 L·D·K(Living room, Dinning room, Kitchen)에 자연스러운 분위기의 계단이 있는 집이 완성되었다. "주방에서 2층에 있는 아이들을 부르기도 편하고, 개방감이 있어서 기분이 참 좋지요." 이전보다 건물의 면적은 줄어들었음에도 '오히려 넓어졌다'라는 느낌을 받는다고 한다. 계단은 복도보다 실내에 설치하는 편이 에너지 절약으로 이어진다. 미우라는 오늘도 "방 배치를 어떻게 하느냐에 따라 체감 온도가 이렇게 달라지다니!"라고 감탄하며 새집 생활을 만끽하고 있다.

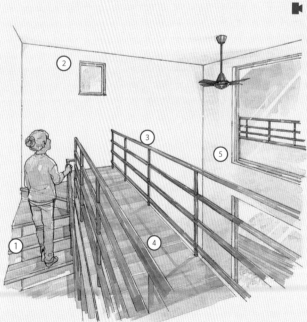

🎥 "주방에서 계단을 올라가면
전망이 좋은 공중 복도가 나온답니다."

① 첼판(계단 앞 수직면)이 없는 스켈레톤 (Skeleton) 계단
② 외관의 강조점도 되는 동쪽의 작은 창
③ 검은색이 공간에 긴장감을 주는 철제 손잡이
④ 전망이 좋은 공중 복도
⑤ 후키누케 구조여서 1층과 연결된다

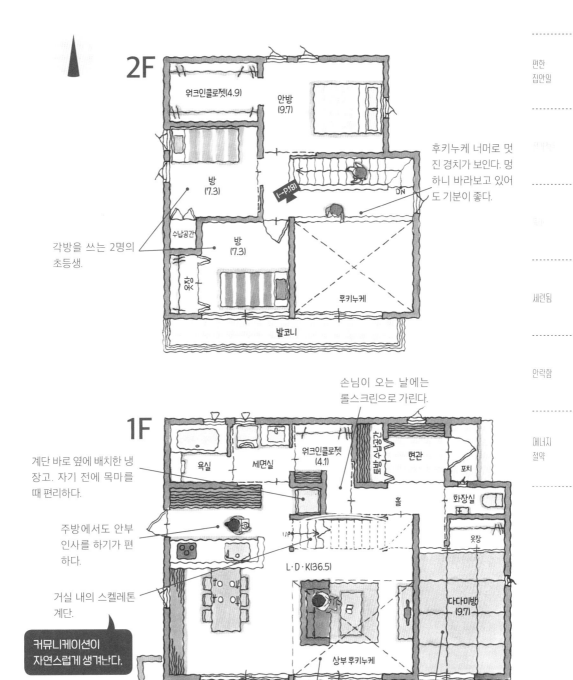

2F

워크인클로젯(4.9)

안방
(9.7)

방
(7.3)

[→P18]

DN

수납공간

방
(7.3)

후키누케

발코니

후키누케 너머로 멋진 경치가 보인다. 멍하니 바라보고 있어도 기분이 좋다.

각방을 쓰는 2명의 초등생.

1F

손님이 오는 날에는 롤스크린으로 가린다.

욕실

세면실

워크인클로젯
(4.1)

현관

포치

홀

화장실

옷장

L·D·K(36.5)

다다미방
(9.7)

상부 후키누케

계단 바로 옆에 배치한 냉장고. 자기 전에 목마를 때 편리하다.

주방에서도 안부 인사를 하기가 편하다.

거실 내의 스켈레톤 계단.

**커뮤니케이션이
자연스럽게 생겨난다.**

개방감이 가득한 후키누케 거실.

게스트룸으로 쓰이는 독립 공간.

Data
부부 + 자녀 2명(7세·10세)
바닥 면적 … 1F: 69.6m² | 2F: 40.6m²

가족이 자연스럽게 모이는
아담한 단층집

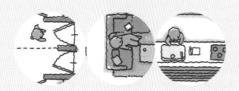

오랫동안 단층집을 동경했다는 오치. "지면과 가까워서 사람다운 생활을 한다는 이미지랄까요? 계단이 없어서 노후에도 안심하고 살 수 있다는 점이 매력적이었어요."

일반적으로 4인 가족이 사는 단층집을 지으려면 부지 면적이 200~230m²는 필요하다고 알려져 있다. 그러나 오치가 선택한 토지는 약 165m². "조금 아담하지만, 아이들이 언젠가 독립하잖아요. 그러면 아이들 방은 빌 거고, 아이들이 살고 있는 지금, 가족이 모일 수 있는 따뜻한 분위기의 집을 만들 수 있지 않을까 했어요."

그런 오치의 바람을 실현하기 위해 중앙에 약 32m²의 L·D·K를, 여기에서 방사형으로 수도 시설과 침실을 배치했다. "아이들은 정말로 집중하고 싶을 때만 자기 방에 가고 그 밖의 시간은 거의 거실에서 지낸답니다. 1명이 공부하면 TV 소리를 낮추는 등의 배려심도 어느덧 생겼더군요."

처음에 걱정했던 좁은 공간이라는 문제점은 복도를 만들지 않고 미닫이문을 쓰는 등의 철저한 고민을 통해 해결했다. L·D·K의 넓이는 방을 포함해 약 39m². "정원도 상상 이상으로 넓게 확보할 수 있었어요. 소파에 앉으면 툇마루 너머로 방(안방)이 보이는데, 기분 좋은 개방감이 느껴진답니다." 의도적으로 아담한 부지를 선택한 건 정답이었다. 꿈에 그리던 이상적인 생활을 실현할 수 있었다.

어느 방에 있더라도
가족이 근처에♪

L·D·K에서 방사형으로
배치한 각방.

카운터 아래에는 식기를
수납한다. 앞접시나 젓가
락 등을 다이닝룸 쪽에서
꺼낼 수 있어 편리하다.

공간을 넓게 잡은 현관
토방. 신발, 행사용 장식,
여행 관련 짐 등도 이곳
에 수납한다.

욕실

세면실

수납공간

다다미
방(7.3)

뜬벽장

토방
수납공간
(4.9)

옷걸

방
(8.1)

L·D·K(31.8)

수납
공간

현관

방
(8.1)

화장실

옷걸

안방
(10.5)

약 32m²의 L·D·K. 최대
한 공간을 넓게 확보하
기 위해 복도 등 불필요
한 공간을 전부 없앴다.

L·D·K와 인접한 아이들
방. 더 크면 벽을 설치해
분리시킬 수 있도록 창
과 문을 각각 배치했다.

정원과 인접해 통풍이
잘되는 침실.

L자 툇마루. 맑은 날엔
이곳이 기분 좋은 쉼터
가 된다.

Data
부부 + 자녀 2명(10세·12세)
바닥 면적 ⋯ 94.4m²

가족이 늘어도 대응할 수 있는 유연한 방 배치

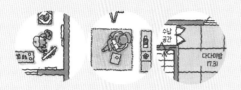

친정어머니로부터 토지를 양도받은 나카노 부부. "살고 있던 아파트를 수리할 예정이었는데, 그 돈으로 집을 짓게 되었습니다. 친정엄마와 의논하면서 방 배치를 결정했어요."

이 부부는 넉넉한 거실, 앞으로 태어날 아이들을 위한 방, 친정어머니를 모시게 될 경우를 대비한 다다미방을 바랐다. "둘만 사는 지금 편안하게 지낼 수 있고, 미래에 가족이 늘더라도 무리 없는 집을 원했어요."

햇볕이 잘 드는 2층을 침실 + 제2거실로 쓰기로 했다. 유화 그리기가 취미인 아야코는 방의 절반 정도를 아틀리에로 사용하고 있다. "1층에서는 친구를 불러 함께 시간을 보낼 수 있지만, 여기는 온전히 가족만의 공간이에요. 미래에 생길 아이 둘이 쓸 수 있도록 창과 수납공간을 좌우에 각각 배치했답니다."

다다미방은 계단을 오르내릴 필요가 없는 1층에 마련했다. 약 5m² 넓이의 워크인클로젯도 배치해 독립된 방으로서 충분히 제 몫을 한다. 지금은 주로 손님이 왔을 때 게스트룸으로 이용하고 있다. 손님이 자주 오지는 않지만, 집 만드는 과정을 통해 미래에 대한 생각을 진지하게 이야기할 수 있었던 것은 큰 수확이었다고 한다. "친정엄마도 마음이 놓인 듯해요. 아파트에서는 할 수 없었던 일을 할 수 있게 되어 부부간의 신뢰도 훨씬 깊어진 기분이에요."

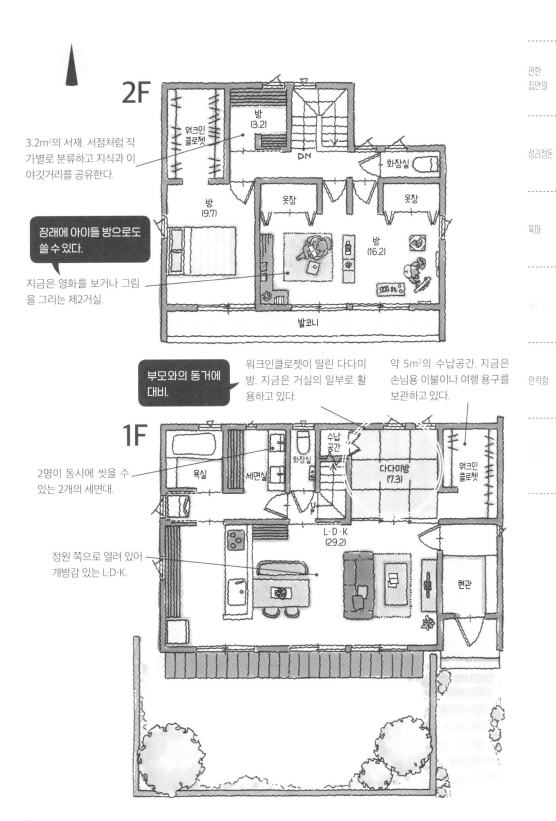

2F

3.2m²의 서재. 서점처럼 작
가별로 분류하고 지식과 이
야깃거리를 공유한다.

위크인
클로젯

방
(3.2)

DN

화장실

방
(9.7)

옷장

방
(16.2)

옷장

**장래에 아이들 방으로도
쓸 수 있다.**

지금은 영화를 보거나 그림
을 그리는 제2거실.

발코니

**부모와의 동거에
대비.**

워크인클로젯이 딸린 다다미
방. 지금은 거실의 일부로 활
용하고 있다.

약 5m²의 수납공간. 지금은
손님용 이불이나 여행 용구를
보관하고 있다.

1F

2명이 동시에 씻을 수
있는 2개의 세면대.

욕실

세면실

화장실

수납
공간

다다미방
(7.3)

위크인
클로젯

L·D·K
(29.2)

현관

정원 쪽으로 열려 있어
개방감 있는 L·D·K.

Data
부부
바닥 면적 ··· 1F : 62.1m² | 2F : 47.2m²

자연 에너지를 최대한 활용해
늘 적당한 온도를 유지하는 집

구석구석까지 적당한 온도를 유지해서 여름이든 겨울이든 쾌적한 집을 만들고 싶었다는 다카가키. 책에서 '패시브 디자인'을 접하고 '바로 이거야!'라고 직감했다고 한다.

패시브 디자인(Passive Design)이란 자연 에너지를 최대한으로 활용하는 친환경적인 건축 기술이다. 창의 크기나 위치, 단열 방법 등을 철저히 궁리해 태양의 빛·열·바람을 효과적으로 끌어들인다. "우리 집은 큰 창이 있는 L·D·K가 특징적입니다. 이 창을 통해서 들어온 빛이 집 안을 고루 밝게 해주지만, 삼중 유리여서 외기의 영향은 거의 느끼지 못하지요." 후키누케 구조는 상하층의 공기를 순환시킨다. "집 안의 온도가 거의 일정합니다. 1년 내내 맨발로 기분 좋게 생활하고 있어요."

▶️ 여기까지도 신경을 쓴 패시브 디자인

① 인테리어 측면에서도 강조점이 되는 노출된 들보
② 높이 240㎝의 큰 창. 수지 섀시에 삼중 유리로 단열 효과도 충분
③ 여름 햇살이나 밤의 찬 공기는 장지문을 닫아서 차단한다
④ 겨울에는 바닥 난방으로 방 전체를 따뜻하게 유지한다
⑤ 지붕에 탑재한 9.52kW의 태양광 패널은 남향이어서 발전 환경이 좋으며, 잉여 전력으로 수익도 올린다

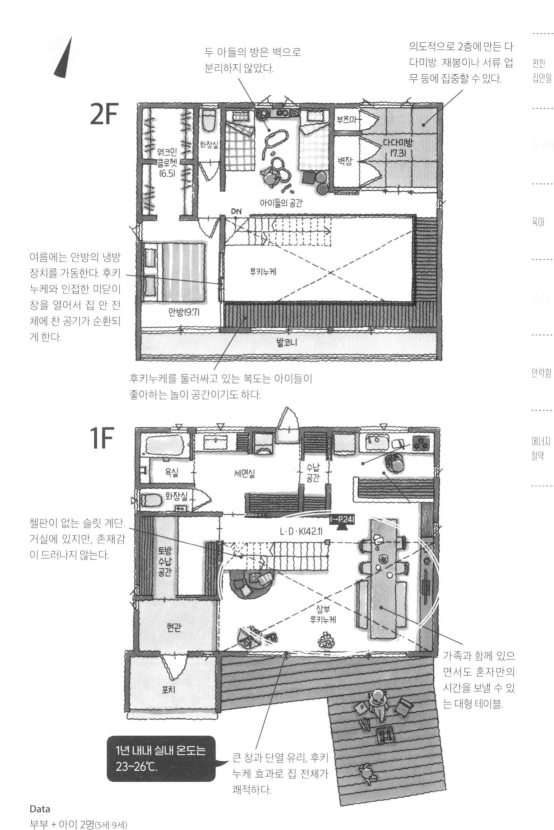

2F

두 아들의 방은 벽으로 분리하지 않았다.

의도적으로 2층에 만든 다다미방. 재봉이나 서류 업무 등에 집중할 수 있다.

워크인 클로젯 (6.5)

화장실

부츠마

벽장

다다미방 (7.3)

아이들의 공간

DN

여름에는 안방의 냉방 장치를 가동한다. 후키누케와 인접한 미닫이 창을 열어서 집 안 전체에 찬 공기가 순환되게 한다.

후키누케

안방(9.7)

발코니

후키누케를 둘러싸고 있는 복도는 아이들이 좋아하는 놀이 공간이기도 하다.

1F

욕실

세면실

수납 공간

화장실

첼판이 없는 슬릿 계단. 거실에 있지만, 존재감이 드러나지 않는다.

토방 수납 공간

L·D·K(42.1)

(→P.24)

상부 후키누케

현관

포치

가족과 함께 있으면서도 혼자만의 시간을 보낼 수 있는 대형 테이블.

1년 내내 실내 온도는 23~26℃.

큰 창과 단열 유리, 후키누케 효과로 집 전체가 쾌적하다.

Data
부부 + 아이 2명(5세·9세)
바닥 면적 … 1F : 72.8m² | 2F : 55.5m²

뉴욕의 소호가 모델!
세련되고 로하스적인 L·D·K

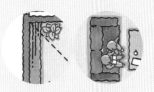

그래픽 디자이너인 시부야 부부. 뉴욕의 소호 같은 분위기를 좋아해서 꽤 오래전부터 해외 잡지와 소셜네트워크서비스에 올라온 사진을 스크랩하고 있었다. 그중에서도 모르타르(Mortar) 토방은 "집에 꼭 만들고 싶었다"고 한다. 일본 전통 건축에서 볼 수 있는 토방은 신발을 신고 돌아다니는 실내 영역을 말한다. "무기질적이지만 어딘가 장인의 손길이 닿은 것 같은 느낌이랄까요? 현관이든 주방이든 집 안 어딘가에 만들면 멋질 것 같았습니다."

이 바람을 말하자 설계사는 바닥 전체가 모르타르 토방인 26m²의 거실을 제안했다. "처음에는 깜짝 놀랐습니다. 하지만 가장 느긋하게 시간을 보내고 싶은 거실이 좋아하는 분위기라면 좋을 것 같더군요." 대담하다고 느낀 아이디어를 흔쾌히 승낙하자, 그 뒤로는 실현하고 싶은 아이디어들이 샘물처럼 솟아났다고 한다. "바닥에 흙손 자국을 남기고 싶다, 벽에는 브릭타일(Brick tile)을 붙이고 싶다, 줄눈은 회색이었으면 좋겠다 등 설계사에게 희망 사항을 전부 전달했습니다. 즐거운 경험이었고, 결과물에도 만족하고 있습니다."

그리고 이 집에 살기 시작한 뒤로는 토방이 의외로 생활하기 좋다는 것을 알게 되었다고 한다. "여름에는 서늘하고, 겨울에는 햇볕을 머금어서 따뜻합니다. 1년 내내 맨발로 다녀도 쾌적해서 기쁘고 놀랍네요." 오늘도 시부야 부부는 그저 세련되기만 한 것이 아니라 친환경적이고 로하스적인 토방 거실에서 생활하고 있다.

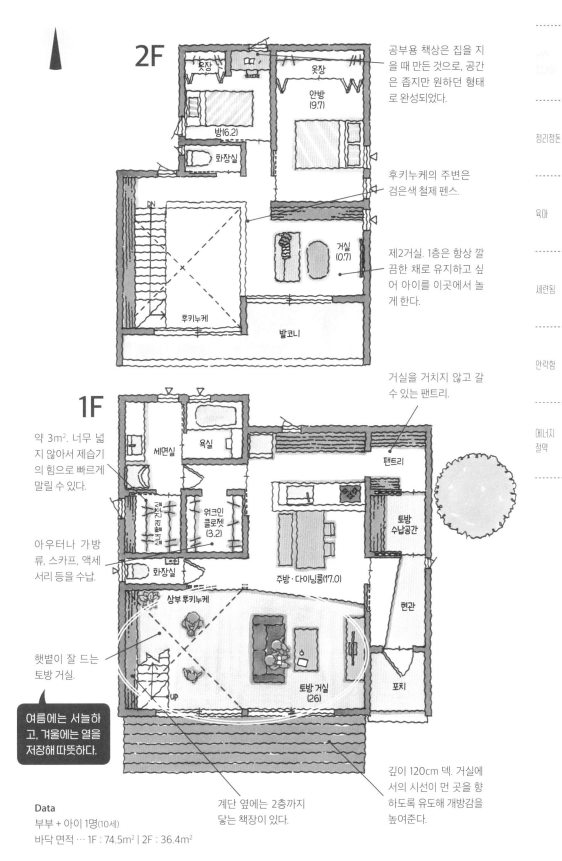

2F

옷장

옷장

안방
(9.7)

방(6.2)

화장실

DN

후키누케

거실
(0.7)

발코니

공부용 책상은 집을 지
을 때 만든 것으로, 공간
은 좁지만 원하던 형태
로 완성되었다.

후키누케의 주변은
검은색 철제 펜스.

제2거실. 1층은 항상 깔
끔한 채로 유지하고 싶
어 아이를 이곳에서 놀
게 한다.

1F

세면실

욕실

팬트리

약 3m². 너무 넓
지 않아서 제습기
의 힘으로 빠르게
말릴 수 있다.

워크인
클로젯
(3.2)

토방
수납공간

아우터나 가방
류, 스카프, 액세
서리 등을 수납.

화장실

주방·다이닝룸(17.0)

현관

상부 후키누케

포치

햇볕이 잘 드는
토방 거실.

토방 거실
(26)

거실을 거치지 않고 갈
수 있는 팬트리.

여름에는 서늘하
고, 겨울에는 열을
저장해 따뜻하다.

깊이 120cm 덱. 거실에
서의 시선이 먼 곳을 향
하도록 유도해 개방감을
높여준다.

계단 옆에는 2층까지
닿는 책장이 있다.

Data
부부 + 아이 1명(10세)
바닥 면적 ··· 1F : 74.5m² | 2F : 36.4m²

삼 형제가 신나게 생활할 수 있는 집
& 집안일을 편하게 할 수 있는 집!

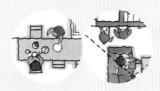

아들 셋을 키우느라 분투하고 있는 오니시. "활기차게 뛰어다니는 아이들을 보고 싶어서 즐거운 놀이터가 되는 집을 만들고 싶었습니다."

거실에는 높이 6m의 볼더링(Bouldering: 암벽 등반의 한 종류) 코너를 만들었는데, 모두가 참여해서 홀드(인공 바위)를 붙였다. "목수님에게 배우면서 마음에 드는 색을 고르고 위치를 정했습니다. 모두에게 좋은 추억이 되었지요." 큰아들(9세)은 벌써 2층까지 쓱쓱 올라간다. "어른은 후키누케에서 기분 좋은 개방감을 느끼고, 아이들은 몸을 쓰면서 놀 수 있는 최고의 거실이 되었습니다."

한편, 아내 사키에게는 집안일을 편하게 할 수 있어야 한다는 양보할 수 없는 조건이 있었다. "다른 건 몰라도 세탁과 정리정돈, 요리가 편한 집! 이게 소원이었어요."

이런 아내의 바람을 실현하기 위한 대표적인 아이디어가 세면 코너 가까이에 설치한 워크인클로젯이다. 약 6.5m²의 넓은 공간으로, 가족의 일상복은 전부 이곳에 수납한다. "건조기에서 꺼낸 옷을 전부 여기로 가져와요. 따로 분류하지 않으니 동선이 아주 짧아졌답니다. 예산 사정상 문을 달지 않은 게 결과적으로는 정답이 되었어요. 여닫는 번거로움이 없거든요."

또 하나의 아이디어는 ㄷ자형 주방. "방향을 바꾸기만 하면 요리를 할 수 있고, 준비한 요리를 식탁에 세팅할 수 있으며 심지어 설거지도 할 수 있지요. 밥도 금방 풀 수 있고, 요리하면서 아이가 숙제하는 모습을 볼 수도 있어요. 세 발짝만 걸으면 여러 작업을 할 수 있어서 바쁠 때 큰 도움이 된답니다."

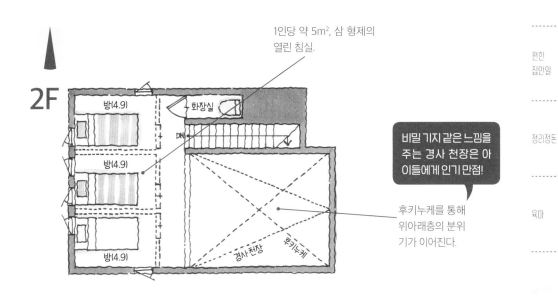

2F

1인당 약 5m², 삼 형제의 열린 침실.

방(4.9)

방(4.9)

방(4.9)

화장실

DN

비밀 기지 같은 느낌을 주는 경사 천장은 아이들에게 인기 만점!

후키누케를 통해 위아래층의 분위기가 이어진다.

경사 천장

후키누케

편한
집안일

정리정돈

육아

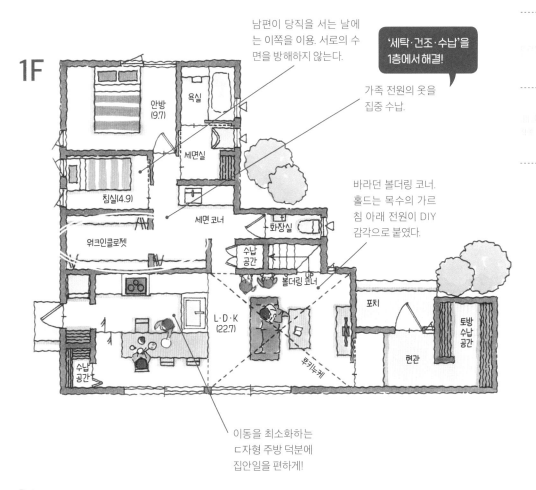

1F

남편이 당직을 서는 날에는 이쪽을 이용. 서로의 수면을 방해하지 않는다.

'세탁·건조·수납'을 1층에서 해결!

가족 전원의 옷을 집중 수납.

안방
(9.7)

욕실

세면실

침실(4.9)

세면 코너

워크인클로젯

화장실

수납 공간

볼더링 코너

바라던 볼더링 코너. 홀드는 목수의 가르침 아래 전원이 DIY 감각으로 붙였다.

포치

토방 수납 공간

L·D·K
(22.7)

현관

후키누케

수납 공간

이동을 최소화하는 ㄷ자형 주방 덕분에 집안일을 편하게!

Data
부부 + 아이 3명(5세·6세·9세)
바닥 면적 … 1F : 82.8m² | 2F : 24.8m²

작은 단층집에 힘이 되는
살짝 높은 다다미방과 통로 겸 수납공간

나카모토 부부는 이전부터 작은 집, 그것도 단층집에서 살고 싶다고 생각해왔다. "어디에 있더라도 집 전체가 시야에 들어와서 가족과 가까이 있다는 안심감을 주는 집을 바랐습니다. 여기에 금전적으로 무리 없이 지을 수 있다는 점도 매력적이었고요." 땅을 물색한 뒤 원하는 방의 목록을 만들어서 설계 사무소를 찾아갔다. "다다미를 깐 아이 방 2개, 가급적 넓은 거실…. '조건이 꽤 까다롭군요!'가 설계사의 첫 반응이었어요(웃음)."

그중에서도 거실이 우선순위가 높았다. "평일에 귀가가 늦은 남편과도 휴일에는 시간을 잊고 지낼 수 있는 집을 만들고 싶었거든요." 그래서 또 하나의 희망 사항인 다다미를 깐 공간을 거실에 흡수시키기로 했다. 다다미방을 다른 곳보다 조금 높여서(35cm) 고저 차에 따른 입체감을 연출한 것이다. "원룸 속에 주거 공간이 여러 개 있는 집이 되었어요. 이곳에서 다림질하면서 소파 너머로 TV를 볼 수 있다는 것도 참 좋고요."

또 하나의 숨겨진 포인트는 '통로 겸 수납공간'. L·D·K와 안방을 연결하는 워크인클로젯으로, "하나의 공간이 복도와 수납공간이라는 두 가지 역할을 겸하므로 우리 집처럼 협소한 집에는 안성맞춤인 아이디어였어요"라고 한다. 몸단장과 식사 장소가 가깝다는 점, 입욕·옷 갈아입기·취침의 동선을 최소화할 수 있다는 점 등 시간 단축 효과도 발군이어서 더욱 생활하기 편한 공간이다.

공간을 효과적으로!

통로 겸 워크인클로젯.
동선상에서 수납하기·옷
갈아입기가 가능하다.

욕실·세면실 ↔ 주방 ↔
워크인클로젯 ↔ 침실이
가깝다.

주방에 작은 창을 달아
서 남북 양쪽으로 바깥
을 볼 수 있다.

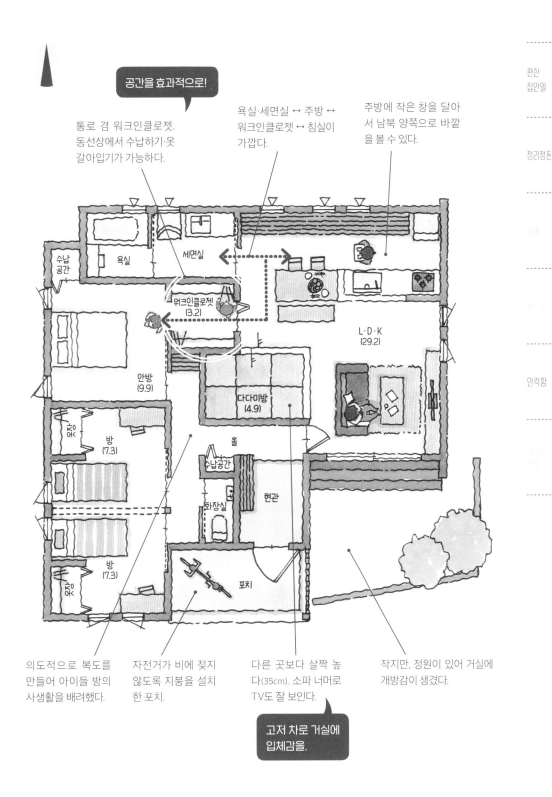

의도적으로 복도를
만들어 아이들 방의
사생활을 배려했다.

자전거가 비에 젖지
않도록 지붕을 설치
한 포치.

다른 곳보다 살짝 높
다(35cm). 소파 너머로
TV도 잘 보인다.

작지만, 정원이 있어 거실에
개방감이 생겼다.

**고저 차로 거실에
입체감을.**

Data
부부 + 아이 2명(5세·7세)
바닥 면적 ⋯ 97.0m²

자랑하고 싶어지는 **거실 SNAP**

장작 난로가 있는 토방 거실

플로링(Flooring)의 일부를 장작 난로가 있는 토방 거실로 만들었다. 아이들은 계단을 오르내리며 놀고 난로에서는 피자를 굽는 등 생활을 즐겁게 해주는 거실이다.

피자를 굽거나 스튜를 끓이기도…

큰 창에 벚꽃 풍경을 담는다

집 옆은 오래된 벚나무 가로수길. 그 풍경을 질리도록 즐기고 싶어서 L·D·K에 큰 유리창을 달았다. 집 안에서 바깥을 바라보며 차를 마시는 시간은 무엇과도 바꿀 수 없는 사치라고.

복도의 스터디 코너로 이어진다

거실에서 계단을 올라가면 아이들의 스터디 공간이 나온다. 놀든 숙제를 하든 1층에서 그 모습을 바라볼 수 있어 마음이 놓인다.

그야말로 대형 공간!
후키누케 거실

약 36m²의 큰 거실. 1층 천장을 없애 일체화된 대형 공간을 만들었다. 햇볕이 아주 잘 들고 개방적이어서 아이들이 즐겁게 뛰어다닐 수 있다.

후키누케를 둘러싼 2층의 복도도 아이들의 놀이터로!

나뭇결이 아름다운 솔송나무를 마감재로 쓴 천장!

바깥의 풍경으로
빨려 들어가는
경사 천장

정원을 향해서 경사진 천장은 시선을 자연스럽게 밖으로 유도한다. 소파에 앉아 있든 토방으로 내려가든 기분 좋은 경치에 마음이 치유된다.

컴퓨터 부스가 있는 빈티지한 L·D·K

회색으로 칠한 벽과 호두나무 바닥재로 빈티지 스타일을 연출한 L·D·K.
계단과의 사이에는 컴퓨터 부스가. 칸막이벽 덕분에 일에 집중할 수 있다.

벚꽃을 즐길 수 있는
2층 거실

오래전부터 어떤 집을 짓고 싶은지 줄곧 이야기를 나눠왔다는 가리야 부부. 처음에는 미군 하우스 같은 단층집이 꿈이었지만, 옆에 큰 벚나무가 있는 이 부지를 만나자 생각이 바뀌었다. "밤에 벚꽃을 바라보며 술잔을 나누는 모습을 상상해버렸거든요. 계획했던 것보다 땅이 좁아서 단층집은 어렵겠지만, 그래도 꼭 여기에서 살아야겠다 싶어 바로 결정했습니다."

그 경치를 최대한 누리기 위해 L·D·K를 2층에 배치했다. 발코니는 벚나무와 가장 가까운 부분을 좀 더 튀어나오게 디자인해 벚꽃놀이의 특등석으로 만들었다. 주방은 요리하면서 대화를 나누기 좋은 L자형을 채용했고, 와인 셀러 또한 설치함으로써 둘이 살아도 친구를 초대해 즐거운 시간을 보낼 수 있는 집이 되었다.

■ 최고의 경치에 매료되어 토지 선택 계획을 변경!

① L·D·K를 2층에 배치. 바깥 경치를 즐길 수 있을 뿐 아니라 사생활 보호도 가능하다
② 이웃은 절. 큰 벚나무가 있어서 사계절을 느낄 수 있다
③ 주방·다이닝룸 옆에도 큰 창을 달아 햇볕이 잘 드는 플로어
④ 35.6m² 넓이의 L·D·K. 평소 또는 홈 파티를 할 때는 큰 소파에서 느긋하게

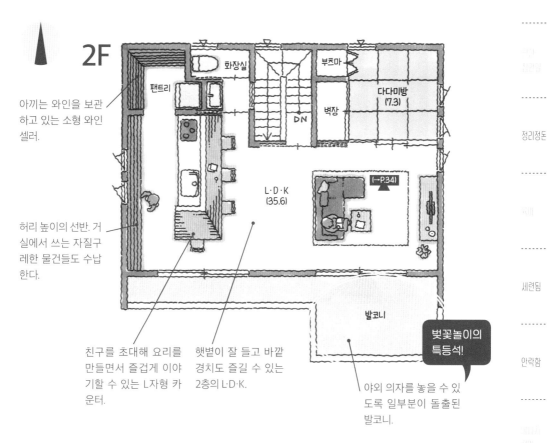

2F

아끼는 와인을 보관하고 있는 소형 와인 셀러.

화장실

팬트리

부츠마

다다미방
(7.3)

벽장

DN

L·D·K
(35.6)

[→P.34]

허리 높이의 선반. 거실에서 쓰는 자질구레한 물건들도 수납한다.

친구를 초대해 요리를 만들면서 즐겁게 이야기할 수 있는 L자형 카운터.

햇볕이 잘 들고 바깥 경치도 즐길 수 있는 2층의 L·D·K.

발코니

벚꽃놀이의 특등석!

야외 의자를 놓을 수 있도록 일부분이 돌출된 발코니.

정리정도

세련됨

안락함

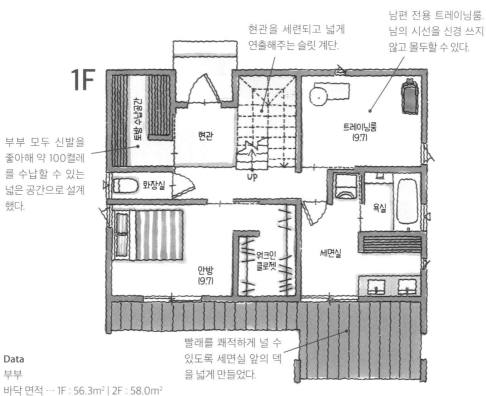

1F

현관을 세련되고 넓게 연출해주는 슬릿 계단.

남편 전용 트레이닝룸. 남의 시선을 신경 쓰지 않고 몰두할 수 있다.

트레이닝룸
(9.7)

부부 모두 신발을 좋아해 약 100켤레를 수납할 수 있는 넓은 공간으로 설계했다.

신발수납공간

현관

화장실

UP

욕실

세면실

안방
(9.7)

워크인 클로젯

빨래를 쾌적하게 널 수 있도록 세면실 앞의 덱을 넓게 만들었다.

Data
부부
바닥 면적 ··· 1F : 56.3m² | 2F : 58.0m²

모든 방에서 반려식물을 즐길 수 있도록
3개의 중정을 군데군데 배치하다

큰아들이 초등학교에 입학한 것을 계기로 도심으로 이사한 다니. "역세권이라서 편리하지만, 주택지이다 보니 전에 살던 곳보다 가까운 곳에 이웃집이 있습니다. 어떻게 해야 사생활을 철저히 보호하면서도 집 안에서는 개방감을 느낄 수 있는 방 배치가 될지 고민했지요."

그래서 집 안에 3개의 중정을 배치하는 방법을 선택했다. 먼저 현관을 들어서면 첫 번째 중정이 보인다. 가장 넓은 쉼터용 정원이고 L·D·K, 홀, 안방이 둘러싸고 있어서 가족이 모이는 장소 전체에 빛과 바람을 가져다준다. "집 안에 가족만의 정원을 만들었습니다. 귀가해서 이 정원을 바라보면 보호받고 있다는 느낌이 들어서 마음이 놓이지요."

두 번째 중정은 두 아이 방 사이에 있다. "이불 말리기도 아이 각자에게 맡기고 있습니다. 복도에서 직접 드나들 수 없는 것도 아이들에게는 특별한 느낌을 주는 모양이더군요."

세 번째 중정은 맨 안쪽에 있다. L·D·K에서 직진하면 가장 안쪽 공간에 기능과 힐링을 모두 충족시킬 수 있는 서비스 야드에 도달한다. "빨래를 널 수도 있고, 바깥 풍경을 즐길 수도 있습니다. 식재로 선택한 로돌레이아는 상록 식물인데, 봄에는 분홍색 꽃을 피우지요."

중정의 외벽은 안쪽을 흰색으로 칠해서 빛을 반사시켜 실내가 밝아 보이도록 궁리했다. "참신한 방 배치이다 보니 생활하기 불편하지는 않을까 걱정했는데, 막상 살아보니 바랐던 것 이상으로 좋았습니다. 게다가 개성적이어서 '이곳이야말로 우리 집'이라는 생각이 들게 해주는 성이지요."

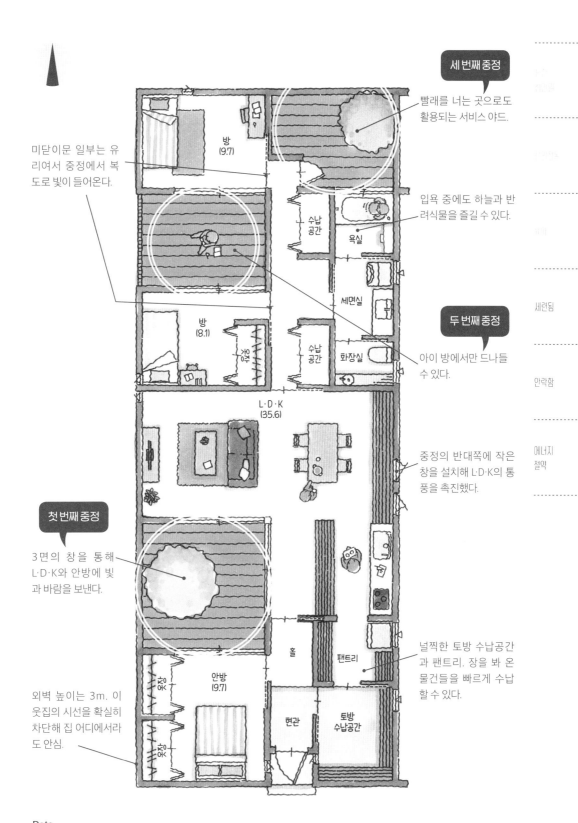

세 번째 중정

빨래를 너는 곳으로도 활용되는 서비스 야드.

미닫이문 일부는 유리여서 중정에서 복도로 빛이 들어온다.

입욕 중에도 하늘과 반려식물을 즐길 수 있다.

두 번째 중정

아이 방에서만 드나들 수 있다.

중정의 반대쪽에 작은 창을 설치해 L·D·K의 통풍을 촉진했다.

첫 번째 중정

3면의 창을 통해 L·D·K와 안방에 빛과 바람을 보낸다.

넓찍한 토방 수납공간과 팬트리. 장을 봐 온 물건들을 빠르게 수납할 수 있다.

외벽 높이는 3m. 이웃집의 시선을 확실히 차단해 집 어디에서라도 안심.

방 (9.7)

방 (8.1)

수납공간

욕실

세면실

화장실

L·D·K (35.6)

홀

팬트리

안방 (9.7)

현관

토방 수납공간

세련됨

안락함

에너지 절약

Data
부부 + 아이 2명(2세·6세)
바닥 면적 ⋯ 106.0m²

아이 방으로 연결되는 출렁다리와
정리가 편한 방 배치가 자랑!

야기 부부는 둘 다 초등학교 교사다. '무엇보다 두 딸에게 즐거운 집을 만들고 싶다'라는 생각으로 설계사와 의논했는데, 설계사는 출렁다리가 있는 방 배치를 제안했다. 2층으로 올라가 홀에서 아이 방으로 가려면 이 출렁다리를 건너야 한다. "아이들도 자랑거리로 생각하는 모양입니다. 매일 친구들을 데리고 오거든요."

정리의 편의성에도 신경을 썼다. 해결책 중 하나는 거실의 수납공간. "이 공간 덕분에 약, 문방구, 청소기까지 바로 정리할 수 있게 되었답니다." 또 한 가지 해결책은 스터디 코너. "시야가 확 트여 있어서 기분 좋은 장소입니다. '숙제는 여기에서'라는 규칙을 정한 뒤로는 아이들이 책이나 프린트물을 아무 데나 두지 않게 되었습니다."

▶️ 아이들의 자랑거리! 통나무 출렁다리

① 손잡이는 로프, 발판은 통나무로 만들었다. 와일드한 소재라서 건널 때마다 즐겁다
② 홀에서 아이 방으로 건너가는 중
③ 1층의 후키누케 위여서 거실에 있는 가족과도 쉽게 커뮤니케이션을 할 수 있다
④ 계단 아래(1층 부분)는 수납공간, 계단참(스킵 플로어)은 스터디 공간으로 이용
⑤ 계단은 거실 안에 배치. 2층으로 올라가기 전에 꼭 L·D·K를 지나가도록 설계했다

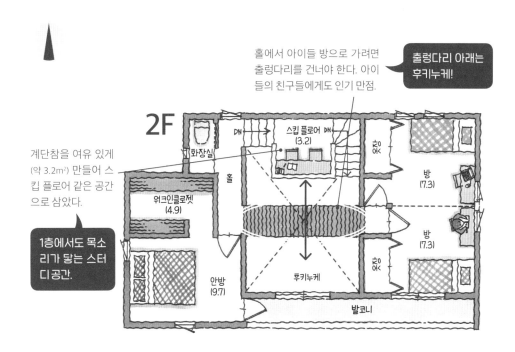

2F

홀에서 아이들 방으로 가려면 출렁다리를 건너야 한다. 아이들의 친구들에게도 인기 만점.

출렁다리 아래는 후키누케!

계단참을 여유 있게 (약 3.2m²) 만들어 스킵 플로어 같은 공간으로 삼았다.

1층에서도 목소리가 닿는 스터디공간.

화장실

홀

스킵 플로어 (3.2)

위크인클로젯 (4.9)

안방 (9.7)

후키누케

방 (7.3)

방 (7.3)

발코니

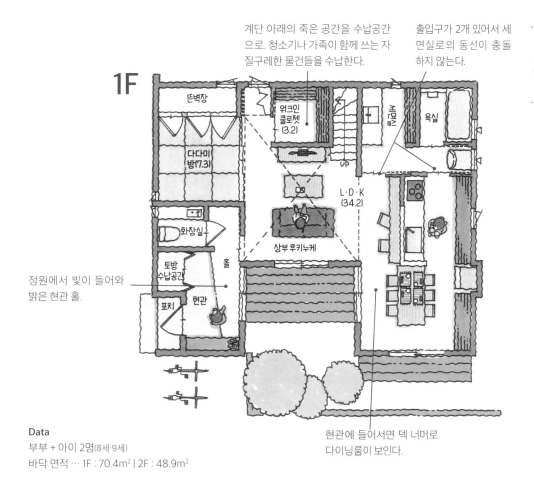

1F

계단 아래의 죽은 공간을 수납공간으로. 청소기나 가족이 함께 쓰는 자질구레한 물건들을 수납한다.

출입구가 2개 있어서 세면실로의 동선이 충돌하지 않는다.

뜬벽장

위크인클로젯 (3.2)

세면실

욕실

다다미방(7.3)

L·D·K (34.2)

화장실

상부 후키누케

토방 수납공간

홀

정원에서 빛이 들어와 밝은 현관 홀.

포치

현관

현관에 들어서면 덱 너머로 다이닝룸이 보인다.

Data
부부 + 아이 2명(8세·9세)
바닥 면적 … 1F : 70.4m² | 2F : 48.9m²

넓은 덱이
제2의 거실

큰 우드 덱이 있는 집을 동경해왔다는 다마이. "실내도 좋지만, 바깥바람을 느끼면서 차를 마시거나 책을 읽는 등 일상에서 특별한 감각을 맛볼 수 있는 삶이 꿈이었어요."

그래서 그 꿈을 이루려고 넓은 부지를 과감하게 분할했다. L·D·K에 약 34m²를 할당하면서 덱에도 거의 같은 넓이인 약 32m²를 할당한 것이다. "가족 넷이 덱에 모여도 전혀 좁아 보이지 않아요. 창문을 열면 안팎이 연결되어서 실내의 개방감도 크게 높아지지요."

주방과 새니터리가 가까운 것도 편리하다고 한다. "물 쓰는 일을 할 때의 동선이 짧아서 집안일 하는 시간도 줄어들었어요. 느긋하게 보낼 수 있는 시간이 전보다 늘었답니다."

■ "밖에서 낮잠도 자고 차도 한잔할 수 있어 최고입니다."

  ① 약 6m에 달하는 창
  ② 정원으로 가꿀 수 있도록 덱 일부를 비스듬하게 깎아서 흙부분을 남겼다
  ③ 단단하고 내구성이 뛰어난 이페(Ipe) 목재를 사용
  ④ 아웃도어용 테이블 세트와 조명을 놓아 실내처럼 안락하게 지낼 수 있다
  ⑤ 현관 쪽에는 나무 울타리를 설치해 시야를 차단

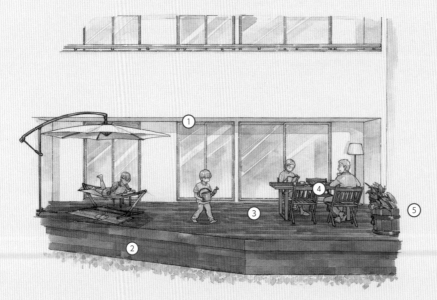

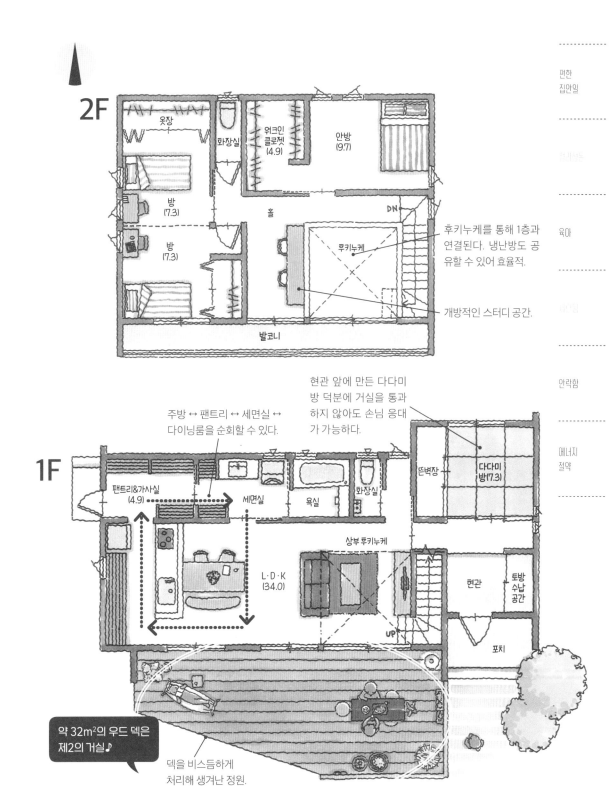

2F

옷장
화장실
워크인 클로젯 (4.9)
안방 (9.7)
방 (7.3)
방 (7.3)
홀
DN
후키누케
발코니

후키누케를 통해 1층과 연결된다. 냉난방도 공유할 수 있어 효율적.

개방적인 스터디 공간.

1F

주방 ↔ 팬트리 ↔ 세면실 ↔ 다이닝룸을 순회할 수 있다.

현관 앞에 만든 다다미 방 덕분에 거실을 통과하지 않아도 손님 응대가 가능하다.

팬트리&가사실 (4.9)
세면실
욕실
화장실
뜬벽장
다다미방 (7.3)
L·D·K (34.0)
상부 후키누케
현관
토방 수납 공간
UP
포치

약 32m²의 우드 덱은 제2의 거실♪

덱을 비스듬하게 처리해 생겨난 정원.

(→P.40)

Data
부부 + 아이 2명(6세·8세)
바닥 면적 … 1F : 70.4m² | 2F : 50.5m²

높은 곳을 좋아하는 고양이를 위한
후키누케 + 캣워크

야마모토 가족은 마사무네라는 고양이와 함께 살고 있다. "예전 집은 아담한 임대 아파트였습니다. 그래서 새집을 짓는다면 고양이가 마음껏 돌아다닐 수 있게 만들고 싶었지요."

가장 신경 쓴 부분은 긴 캣워크. L·D·K에서 안방에 걸쳐 약 7m에 이르며, TV 옆의 발판(캣 스텝)을 타고 오르내릴 수 있다. "고양이가 종종 아랫동네에 있는 우리를 바라보면서 산책합니다. 캣워크 위는 볕이 잘 들다 보니 낮잠을 자기도 하지요." 거실 끝에 있는 실내 빨래 건조실 위를 지나면 안방이 나오는데, 추운 아침에는 어느 틈에 이불 속에 들어와 있다고. "마사무네가 항상 가까이 있어서 즐겁습니다. 이 집으로 이사 온 뒤로 함께 생활하고 있다는 느낌이 더욱 강해졌네요."

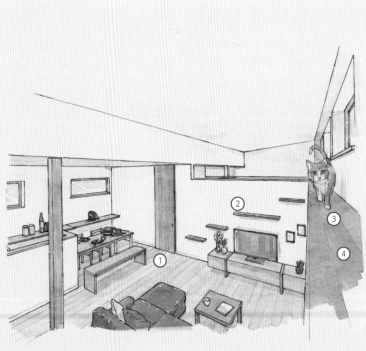

▶ "고양이도 사람도 즐겁고 안전하게 살고 있습니다."

① 고양이는 안전한 장소에서 사람 관찰하는 것을 좋아한다. 사람도 주방·다이닝룸에서 고양이를 볼 수 있다

② 높은 곳에서 내려오는 것이 의외로 서툴러서 설치한 캣 스텝

③ 거실 끝에서 실내 빨래 건조실을 지나 안방까지 뻗어 있는 캣워크

④ 폭은 약 20㎝로, 고양이가 멈춰 서서 창밖을 보기에도 넉넉하다

아이들 방은 고양이의 생활 영역으로부터 떨어뜨려서 청결하고 집중할 수 있게.

방
(9.7)

옷장

화장실

포치

홀

현관

방
(9.7)

옷장

수납
공간

수납
공간

팬트리

수납
공간

다다미방
(5.7)

[→P.42]

L·D·K
(30.8)

사냥 본능이 있어 높은 곳에서 내려다보는 것을 좋아한다!

방 3개에 걸쳐 있는 긴 캣워크.

경사 천장

실내 빨래 건조실

2층
로프트

홀

화장실

실내 빨래 건조실 위에 로프트가 있다. 선풍기나 행사용 장식 등 부피가 큰 물건들을 수납한다.

안방
(13.0)

세면실

문이 없는 안방. 마사무네는 고양이 화장실이나 주방을 통해서도 자유롭게 드나들 수 있다.

워크인
클로젯
(2.9)

욕실

L·D·K에서 안방까지 후키누케로 연결되어 있어서 공기 순환이 잘 되고 냉난방을 공유할 수 있다.

고양이 화장실.

Data
부부 + 아이 2명(12세·15세)
바닥 면적 ⋯ 122.6m²

세련된 나선 계단을
집의 메인으로

부부가 사진작가인 후지모리. 개성적이고 사진 촬영에 적합한 집이 꿈이었다. "희고 심플한 상자 속에 검고 화사한 나선 계단이 있고, 그곳으로 빛이 드는 집. 우리가 꿈꾸는 집입니다."

이미지가 명확해 방 배치는 빠르게 결정되었다고 한다. "문을 열면 오프화이트의 현관 홀이 나옵니다. 그 안쪽에는 쇠로 만든 나선 계단이 있고, 후키누케에서 빛이 내려오지요. 말로 표현한 것이 현실이 되는 과정은 정말 감동적이었습니다."

나선 계단은 밖에서도 보이게 2층 천장까지 큰 픽스창(고정창 또는 붙박이창)을 달았다. "결과물은 상상 이상이었습니다. 우리도 넋을 잃고 바라보는 집이 완성되었지요."

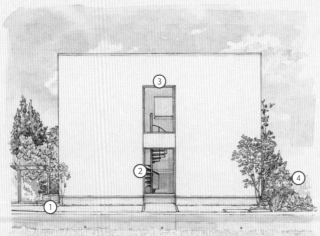

▶ 나선 계단만을 액자에 담은 듯한
아름다운 외관

① 거실에서 출입이 가능한 미니 덱. 지붕이 있어서 간이 휴게 장소가 되어준다
② 나선 계단의 측면이 밖에서 보이게 유리창을 달아 예술적인 외관
③ 2층의 후키누케까지 픽스창으로
④ 계절을 느끼게 해주는 키 작은 나무를 현관 입구까지 심었다

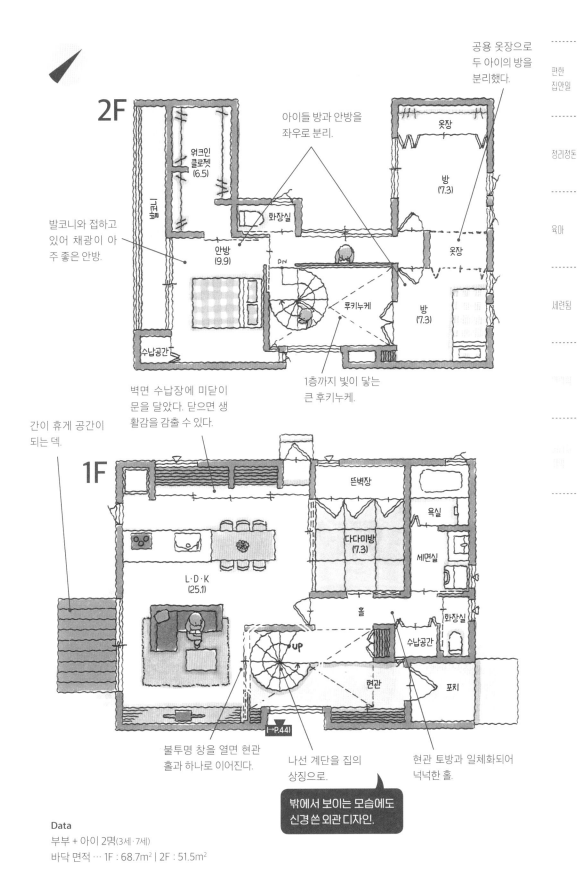

2F

공용 옷장으로
두 아이의 방을
분리했다.

옷장

방
(7.3)

옷장

아이들 방과 안방을
좌우로 분리.

워크인
클로젯
(6.5)

화장실

발코니와 접하고
있어 채광이 아
주 좋은 안방.

안방
(9.9)

DN

방
(7.3)

후키누케

수납공간

벽면 수납장에 미닫이
문을 달았다. 닫으면 생
활감을 감출 수 있다.

1층까지 빛이 닿는
큰 후키누케.

간이 휴게 공간이
되는 덱.

1F

뜬벽장

욕실

다다미방
(7.3)

세면실

L·D·K
(25.1)

홀

화장실

수납공간

현관

UP

포치

(→P.44)

불투명 창을 열면 현관
홀과 하나로 이어진다.

나선 계단을 집의
상징으로.

현관 토방과 일체화되어
넉넉한 홀.

밖에서 보이는 모습에도
신경 쓴 외관 디자인.

Data
부부 + 아이 2명(3세·7세)
바닥 면적 … 1F : 68.7m² | 2F : 51.5m²

북향의 분양지에 넉넉한 현관과 거실을

가까운 곳에 상가와 학교가 있어 살기에 편리한 분양지. 분양 주택이 늘어선 거리에 검은 외벽의 멋진 집이 한 채 보인다. 다마키네 집이다. 현관 포치는 위가 뚫려 있어서 올려다보면 2개의 작은 창으로 "다녀오셨어요?"라고 외치는 아이들의 밝은 목소리가 들린다.

집을 지으면서 다마키는 입지와 예산을 가장 먼저 고려했다. "그렇다 보니 넓은 공간을 확보하기 어렵다는 게 조금 난점이었습니다. 거실을 중시하면 다른 곳이 좁아질 것 같았지만, 그래도 현관이나 계단 주변에 여유로운 느낌을 주고 싶었지요." 그래서 토지 구매를 결정하기 전에 설계 사무소를 찾아가 의논했다. "방 배치를 궁리하면 어떻게든 될 겁니다"라는 말에 용기를 얻어 신축을 결심했다고 한다. 실제로 완성된 방 배치도를 보니 현관에 홀이 있어서 쾌적해 보였고, 2층 복도는 후키누케와 인접해 넓은 느낌이 들 것 같아 안심했다고 한다.

이 부지만의 장점도 있었다. 남쪽을 거실로 만들 수 있다는 것이다. "채광과 통풍이 최고입니다. 가족이 모이는 곳을 가장 좋은 장소로 만들 수 있어서 매우 만족합니다." 주방은 조리대 뒤턱의 높이를 표준보다 조금 높게 설정했다. 거실 쪽에서 보이지 않도록 하기 위한 궁리다. "거실에서는 번잡한 모습이 보이지 않습니다. 그다지 넓지 않지만, 충분히 안락한 집이 되었지요."

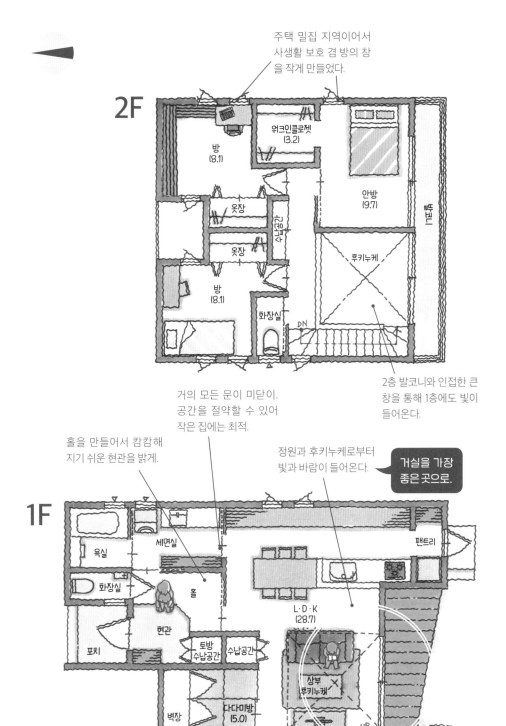

2F

주택 밀집 지역이어서 사생활 보호 겸 방의 창을 작게 만들었다.

방
(8.1)

워크인클로젯
(3.2)

옷장

안방
(9.7)

발코니

옷장

후키누케

방
(8.1)

화장실

DN

2층 발코니와 인접한 큰 창을 통해 1층에도 빛이 들어온다.

거의 모든 문이 미닫이. 공간을 절약할 수 있어 작은 집에는 최적.

홀을 만들어서 캄캄해지기 쉬운 현관을 밝게.

정원과 후키누케로부터 빛과 바람이 들어온다.

거실을 가장 좋은 곳으로.

1F

욕실

세면실

팬트리

화장실

홀

L·D·K
(28.7)

포치

현관

토방
수납공간

수납공간

벽장

다다미방
(5.0)

상부
후키누케

UP

수납공간

계단 아래의 죽은 공간은 수납공간으로.

Data
부부 + 아이 2명(7세·10세)
바닥 면적 ··· 1F : 59.6m² | 2F : 43.0m²

스킵 플로어로 작지만
개성적인 집을 연출하다

　목수로 일하는 유키. 아이 셋 모두 초등학생이 된 것을 계기로 내 집 계획을 세웠다. 5인 가족이 살기에는 조금 작은 약 73m²의 땅이지만, '방 배치를 잘 궁리하면 어떻게든 될 거야'라고 예상했다고 한다.

　가장 신경 쓴 부분은 스킵 플로어(스플릿 플로어Split Floor). 스킵 플로어(Skip Floor)는 층과 층 사이에 또 하나의 플로어를 설치하는 방 배치 방식이다. 공간을 좀 더 세분화함으로써 생활 공간을 늘릴 수 있다. "널찍한 층계참 정도이지만, 아이들이 놀거나 책을 읽는 장소로 활용하고 있습니다. 2층에서 빛이 잘 들어와 집 전체가 넓으면서도 밝게 느껴지지요."

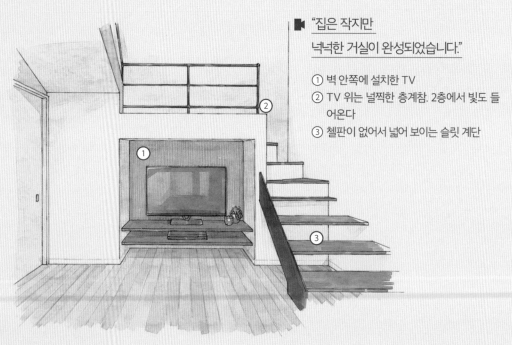

🎥 "집은 작지만
넉넉한 거실이 완성되었습니다."

① 벽 안쪽에 설치한 TV
② TV 위는 널찍한 층계참. 2층에서 빛도 들어온다
③ 첼판이 없어서 넓어 보이는 슬릿 계단

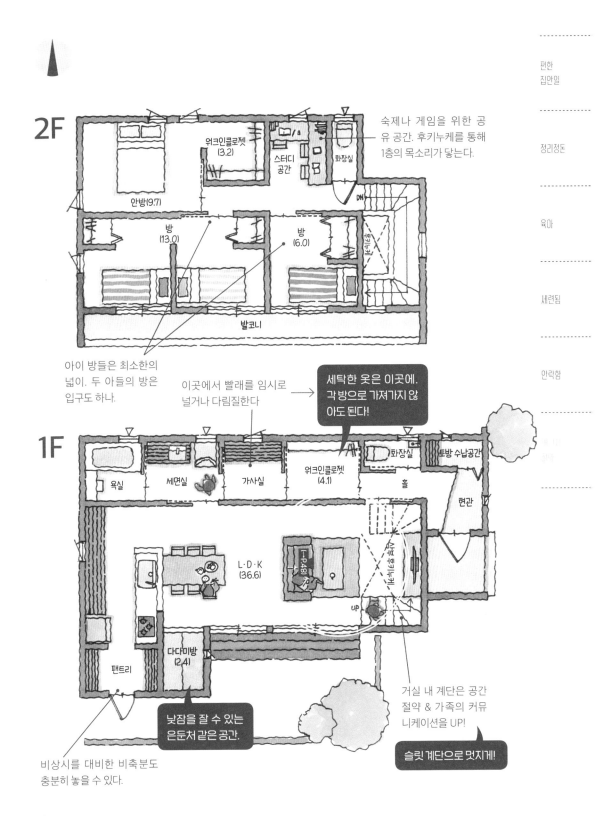

2F

숙제나 게임을 위한 공
유 공간. 후키누케를 통해
1층의 목소리가 닿는다.

워크인클로젯
(3.2)

스터디
공간

화장실

안방(9.7)

방
(13.0)

방
(6.0)

발코니

아이 방들은 최소한의
넓이. 두 아들의 방은
입구도 하나.

이곳에서 빨래를 임시로
널거나 다림질한다

세탁한 옷은 이곳에.
각 방으로 가져가지 않
아도 된다!

1F

욕실

세면실

가사실

워크인클로젯
(4.1)

홀

화장실

토방 수납공간

현관

L·D·K
(36.6)

└ P.48┘

UP

다다미방
(2.4)

팬트리

거실 내 계단은 공간
절약 & 가족의 커뮤
니케이션을 UP!

슬릿 계단으로 멋지게!

낮잠을 잘 수 있는
은둔처 같은 공간.

비상시를 대비한 비축분도
충분히 놓을 수 있다.

Data
부부 + 아이 3명(6세·8세·9세)
바닥 면적 … 1F : 66.2m² | 2F : 46.4m²

불단이 자연스럽게 녹아드는
방 배치

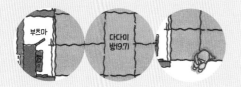

스와의 집에는 정중앙에 다다미방이 있다. "가족이 자주 모이는 곳에 불단을 놓고 싶었거든요. 그렇다고 튀어 보이는 걸 원하지는 않았기 때문에 어떤 장소에 놓아야 좋을지 설계사와 의논했습니다."

여러 차례 회의를 거듭한 끝에 이 방 배치도를 제안받자 한눈에 '바로 이거야!' 싶었다고한다. "L·D·K에 부츠마가 자연스럽게 녹아든 느낌이었습니다. 의식하지 않아도 항상 눈에들어오고, 밥을 공양하거나 향을 피우는 행동이 일상의 동선에서 가능하겠구나 싶었지요."부츠마(仏間)는 불상이나 위패를 모신 방을 일컫는데 일본 주거 문화의 단면을 엿볼 수 있다.

실제로 이 집에 살기 시작한 지 2년. 아침밥을 준비하면서 물을 갈고 TV를 보면서 꽃을 바꾸는 등의 일상이 참 기분 좋단다. "양쪽의 미닫이문을 열어놓고 생활합니다. 공간이 넓어진느낌이 들고, 틈틈이 다다미 바닥에서 뒹굴 수도 있지요."

방 배치의 아이디어가 적용된 곳은 다다미방만이 아니다. 빨래를 널 수 있는 널찍한 탈의실도 그중 하나다. "밤에 세탁한 다음 이곳에 널고 제습기를 켭니다. 그러면 아침에는 뽀송뽀송하게 마르지요. 갑자기 손님이 왔을 때는 세면실 옆을 가려서 보이지 않게 할 수 있습니다."

아이들의 방은 2개인데, 그 사이에 스터디 공간을 만들었다. "숙제나 게임은 이곳에서 합니다. 미닫이문을 열어놓으면 부엌에서도 무엇을 하고 있는지 알 수 있어서 안심이 되지요."

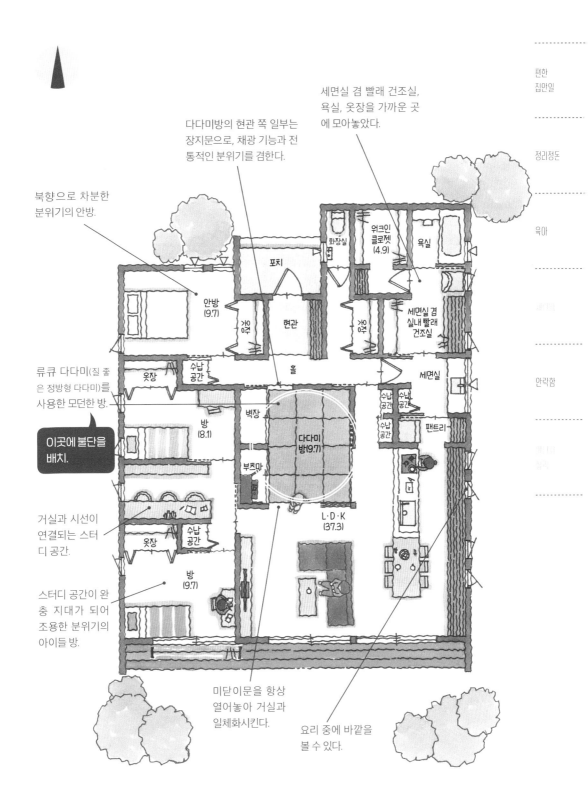

세면실 겸 빨래 건조실,
욕실, 옷장을 가까운 곳
에 모아놓았다.

다다미방의 현관 쪽 일부는
장지문으로, 채광 기능과 전
통적인 분위기를 겸한다.

북향으로 차분한
분위기의 안방.

류큐 다다미(질 좋
은 정방형 다다미)를
사용한 모던한 방.

이곳에 불단을
배치.

거실과 시선이
연결되는 스터
디 공간.

스터디 공간이 완
충 지대가 되어
조용한 분위기의
아이들 방.

미닫이문을 항상
열어놓아 거실과
일체화시킨다.

요리 중에 바깥을
볼 수 있다.

화장실
워크인
클로젯
(4.9)
욕실
세면실 겸
실내 빨래
건조실
세면실
포치
안방
(9.7)
현관
옷장
옷장
홀
수납
공간
벽장
다다미
방(9.7)
수납
공간
수납
공간
수납
공간
팬트리
방
(8.1)
부뚜막
L·D·K
(37.3)
옷장
수납
공간
방
(9.7)

편한
집안일

정리정돈

육아

안락함

Data
부부 + 아이 2명(3세·6세)
바닥 면적 … 125.0m²

자랑하고 싶어지는 **정원 & 덱 SNAP**

숙제를 할 수 있는 중정

자연 소재의 울타리로 둘러싸인 중정. 덱으로 테이블과 벤치를 만들어 놓아 숙제나 그림 그리기, 점심을 먹는 데 최고의 장소다.

지붕이 있어서 비가 내리는 날에도 시간을 보낼 수 있다.

주말에는 덱에서 즐거운 점심을

'집에서도 아웃도어 기분을 맛보고 싶다'라는 생각에서 과감하게 큰 덱을 제작했다. 이곳에서 커피를 마시면서 잡담을 나누는 시간은 무엇과도 바꿀 수 없는 행복이라고.

시시각각 변하는 하늘의 모습을 액자에 담는다.

하늘을 액자에 담는 스틸 테라스

'한정된 부지지만 정원이 있었으면 좋겠어!'라는 꿈을 이룬 작은 중정. 2층에 외벽을 액자처럼 뚫어 사생활을 보호하면서도 바깥 경치를 즐길 수 있다.

정원이 있는 거실은 역시 최고♪

목제 울타리로
사생활을 보호한다

이웃집이 가까운 주택지이지만 외부와 이어지는 거실을 만들고 싶어 높은 울타리를 설치했다. 목재를 사용함으로써 자연적이고 따뜻한 분위기를 연출했다.

반려동물과
함께 뛰놀 수 있는 덱

현관 앞의 넓은 덱은 반려동물과 함께 노는 휴식 장소. 계단을 통해서 거실 옆까지 이어져 있어 실내에서도 모습이 보이므로 안심할 수 있다.

넓은 정원이 최고의 놀이터!

지면과 가까운 삶을 동경해 넓은 정원을 만들 수 있는 토지를 매입했다. 널찍한 덱과 어프로치까지 모든 것이 최고의 놀이터다.

식기도 가전제품도 쓰레기통도 철저히 감춘 주방

식기도 도구도 좋은 제품을 사서 오래 쓰는 요리 애호가 야마나카. "겉모습이 마음에 드는 것들이지만, 계속 꺼내놓고 쓰자니 생활감이 느껴진다는 게 마음에 걸렸어요." 그래서 주방의 벽면에 높이가 천장까지 닿는 폭 3.6m의 수납공간을 만들고 그릇은 물론 밥솥이나 전자레인지까지 이곳에 수납했다. 미닫이문을 닫으면 사람의 눈도 먼지도 걱정할 필요가 없어진다. 주방 안쪽에는 팬트리를 마련했다. "냉장고도 놓을 수 있는 작은 방 같은 곳이에요. 생활감을 철저히 감춰주지요."

아일랜드 키친의 옆면에는 나뭇결이 아름다운 나무를 사용해 L·D·K 전체에 따뜻한 분위기를 더했다. "위생적이고 미관상으로도 좋은, 자랑스러운 주방이랍니다."

🎥 주문 제작한 벽면 수납공간을 이용해 쇼룸처럼 깔끔하게

① 슬라이드 도어 4개 너비의 대용량 수납공간
② 밥솥과 토스터 등 조리용 가전제품도 수납 가능. 인출식
   선반이라서 증기 걱정도 안심이다
③ 수납할 물건에 맞춰 높이를 조절할 수 있는 가동식 선반
④ 문은 흰색을 선택했다. L·D·K 전체가 밝아 보인다
⑤ 오른쪽 아래의 2단은 비워놓고 쓰레기통을 넣는다

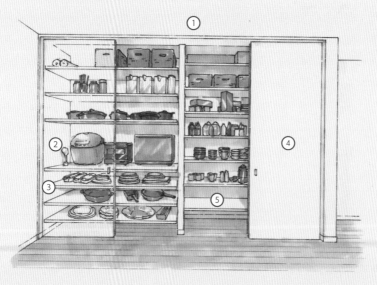

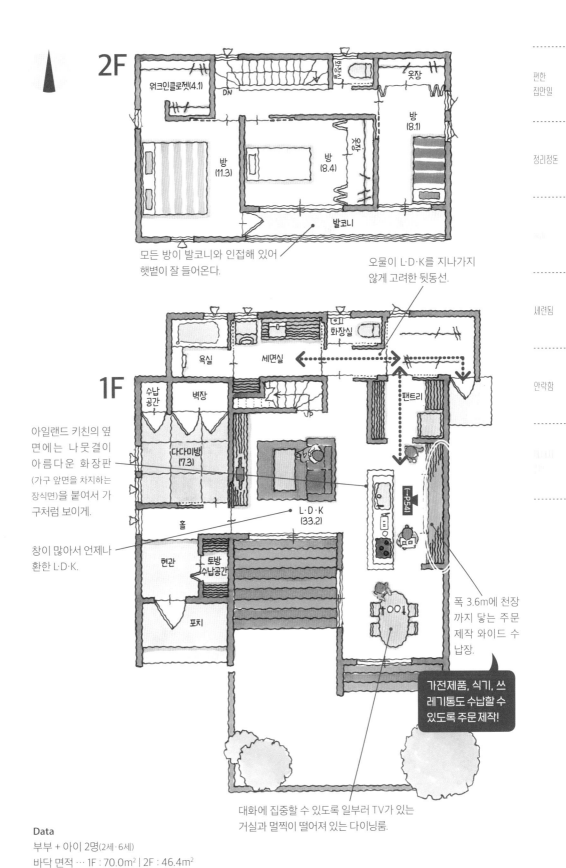

2F

워크인클로젯(4.1)
DN
방수함
옷장
방 (8.1)
방 (11.3)
방 (8.4)
옷장
발코니

모든 방이 발코니와 인접해 있어
햇볕이 잘 들어온다.

오물이 L·D·K를 지나가지
않게 고려한 뒷동선.

1F

욕실
세면실
화장실
수납공간
벽장
팬트리
다다미방 (7.3)
홀
L·D·K (33.2)
현관
토방 수납공간
포치
PS4

아일랜드 키친의 옆
면에는 나뭇결이
아름다운 화장판
(가구 앞면을 차지하는
장식면)을 붙여서 가
구처럼 보이게.

창이 많아서 언제나
환한 L·D·K.

폭 3.6m에 천장
까지 닿는 주문
제작 와이드 수
납장.

가전제품, 식기, 쓰
레기통도 수납할 수
있도록 주문 제작!

대화에 집중할 수 있도록 일부러 TV가 있는
거실과 멀찍이 떨어져 있는 다이닝룸.

Data
부부 + 아이 2명(2세·6세)
바닥 면적 … 1F : 70.0m² | 2F : 46.4m²

편한
집안일

정리정도

세련됨

안락함

장을 봐 오는 즉시
'수납 → 요리'를 할 수 있는 동선

두 아이를 어린이집에 맡기고 맞벌이 생활을 하는 기타무라. "저녁에는 유난히 정신이 없어요. 일이 끝나자마자 아이들을 데리러 가야 하고, 돌아오는 길에는 장도 봐야 하죠. 귀가하면 바로 저녁 식사를 준비해야 하니 숨 돌릴 틈이 없답니다."

그런 기타무라를 돕는 것이 현관 → 토방 수납공간 → 팬트리 → 주방 통로로 이어지는 동선이다. 먼저 토방 수납공간에 파이프 행거를 설치해놓아 귀가하자마자 코트와 가방을 걸 수 있다. "예전에는 무의식중에 옷을 입은 채로 거실까지 들어가서야 벗은 다음 소파에 휙 던지기 일쑤였어요. 하지만 여기서 살게 된 뒤로는 그런 일이 없어졌답니다. 정리하는 데 드는 수고가 줄어들었지요."

토방 수납공간은 팬트리로 이어진다. 쌀이나 통조림 등은 이곳이 지정석. 무거운 물건부터 수납할 수 있는 합리적인 동선이다. "주방에 이르면 바로 사용할 식재료만 남게 돼요. 낭비가 없는 동선은 시간을 크게 줄이는 효과가 있지요. 얼마나 편해졌는지 몰라요."

2F

의류 수납 상자도 수월하게 들어가는 대형 옷장.

워크인클로젯

화장실

수납공간

홀

방 (6.5)

수납 공간

안방 (9.7)

방 (6.5)

발코니

수납 공간

1F

남편과 아이들의 웃옷은 여기에. 정신없이 바쁜 아침에 큰 도움이 된다.

냉장고는 여기에. 가스레인지 뒤쪽에 있어서 요리 중에도 편리하다.

현관에서 팬트리로 이어져 금방 수납할 수 있다.

통조림이나 뿌리채소, 물 등 무거운 물건을 귀가 후 바로 내려놓을 수 있다!

욕실

탈의실

수납공간

세면실

수납 공간

수납 공간

수납 공간

L·D·K (37.3)

홀

예비실 (7.3)

토방 수납공간

현관

화장실

포치

아내의 코트나 가방을 걸기 위한 파이프 행거를 설치했다. 가장 바쁜 사람의 특등석.

정원이 보이고 화장실과도 가까운 예비실. 게스트에게 인기가 많다.

Data

부부 + 아이 2명(0세·4세)

바닥 면적 … 1F : 72.9m² | 2F : 41.4m²

요리·정리·세탁 등 집안일을 하는 습관이 몸에 배는 방 배치

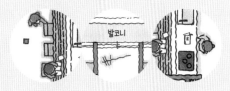

　"아이들을 다른 사람을 돕기를 좋아하는 사람으로 키우고 싶어요"라고 말하는 마나베 부부. '집안일은 그런 사람이 되기 위한 첫걸음'이라는 생각에 집안일을 돕기 좋은 방 배치를 추구했다.

　일상에서 가장 많이 하는 집안일은 식사와 관련된 작업이다. 상을 차리거나 치울 때 아이들도 도울 수 있도록 통로의 폭을 여유 있게 확보했다(92cm). 냉장고를 벽 안쪽으로 집어넣어 통로를 확보함으로써 어디에서 마주치더라도 부딪히지 않게 했으며, 식탁을 키친 카운터와 나란히 배치하고 아이들을 주방 쪽에 앉게 해서 집안일을 도울 수 있는 분위기를 만들었다. "조리대 근처에 있으면 자연스럽게 돕고 싶어지는 모양이에요. 채소 껍질을 벗기고 향신료를 빻는 등 하루가 다르게 여러 가지를 익히고 있답니다."

　조금 널찍한 2층의 홀은 발코니와 접해 있어 햇볕이 잘 들고 실내에서 빨래를 말리는 데 최적의 장소다. 이런 홀을 아이들 방 근처에 만든 것도 작전 중 하나라고 한다. "자신의 옷이 말랐으면 직접 걷어서 갠답니다. '1층에서 가지고 올라가렴'이라고 하면 귀찮아하지만, '홀에서 가져가렴'이라고 하면 의외로 순순히 따라주지요." 아이들이 이만큼 집안일을 분담할 수 있게 된 건 방 배치 덕분이라며 크게 만족하고 있다.

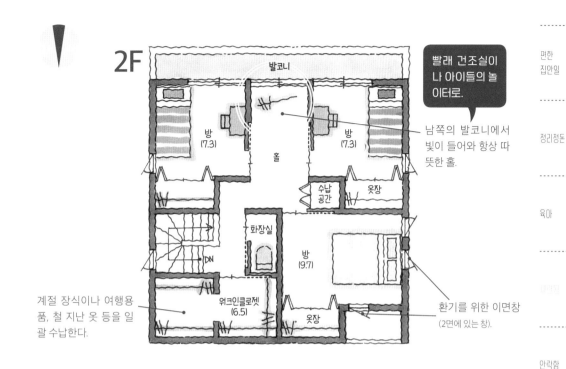

2F

발코니

방
(7.3)

홀

방
(7.3)

수납
공간

옷장

화장실

DN

방
(9.7)

워크인클로젯
(6.5)

옷장

빨래 건조실이
나 아이들의 놀
이터로.

남쪽의 발코니에서
빛이 들어와 항상 따
뜻한 홀.

계절 장식이나 여행용
품, 철 지난 옷 등을 일
괄 수납한다.

환기를 위한 이면창
(2면에 있는 창).

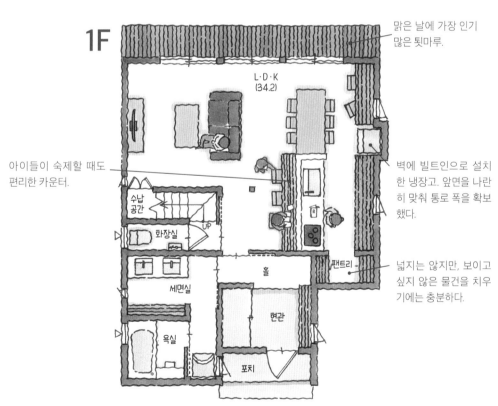

1F

L·D·K
(34.2)

수납
공간

UP

화장실

세면실

홀

팬트리

현관

욕실

포치

맑은 날에 가장 인기
많은 툇마루.

아이들이 숙제할 때도
편리한 카운터.

벽에 빌트인으로 설치
한 냉장고. 앞면을 나란
히 맞춰 통로 폭을 확보
했다.

넓지는 않지만, 보이고
싶지 않은 물건을 치우
기에는 충분하다.

Data
부부 + 아이 2명(7세·9세)
바닥 면적 … 1F : 59.0m² | 2F : 51.3m²

집 한가운데에 주방을 만들어
집안일 동선을 최단거리로

노지마 부부는 어린아이 둘(1세와 3세)을 키우느라 분투 중이다. "밥, 빨래, 더럽히고, 엎지르고… 등이 무한 반복 중이지요. 예전 집에서는 주방, 거실, 세면실, 베란다를 왔다 갔다 하느라 정말 힘들었어요."

그래서 새로 집을 지을 때 집안일 동선을 줄이는 데 신경을 가장 많이 썼다. "설계사가 '주방을 집 한가운데 두는 것이 좋겠다'라는 제안을 하더군요. 방 배치도를 보니 주방이 정중앙에 있을 때의 동선이 최단거리였습니다! 한눈에 수긍했지요."

주방에 서면 다다미방부터 거실·다이닝룸, 덱, 정원까지 집 전체가 시야에 들어온다. "아이들이 밥을 먹거나 낮잠을 자거나 노는 모습도 주방에서 확인할 수 있어요. 그러다 정원으로 시선을 돌리면 바람에 살랑거리는 나뭇잎과 햇살이 눈에 들어오지요. 그 모습을 보고 있으면 조금은 마음이 치유되는 기분이 들어요."

전자레인지 옆에는 팬트리가 자리하고 있다. 귀가 후 이곳을 지나서 주방으로 들어오도록 동선을 계획한 결과 식료품을 자연스럽게 정리할 수 있다. "쌀이나 물 같은 무거운 물건을 구매한 날은 특히 방 배치를 잘했다고 체감하게 된답니다." 주방 뒤쪽에는 욕실과 세면실, 세탁기가 있다. 주방에서 세탁기까지 세 걸음, 세탁기에서 세면실까지 다시 세 걸음만 걸으면 되므로 이 배치도 크게 만족스럽다고. 말 그대로 '주방이 중심'인 집이 얼마나 편리한지 실감하며 살고 있다.

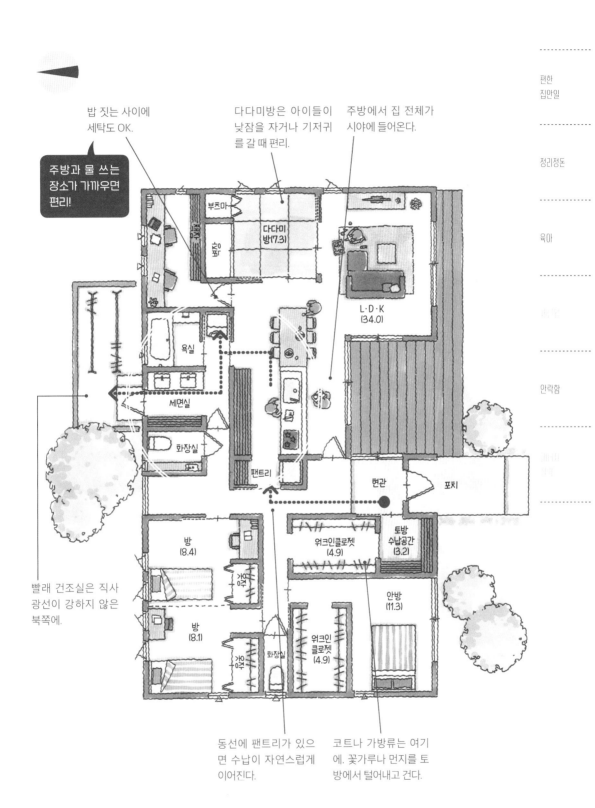

밥 짓는 사이에
세탁도 OK.

주방과 물 쓰는
장소가 가까우면
편리!

다다미방은 아이들이
낮잠을 자거나 기저귀
를 갈 때 편리.

주방에서 집 전체가
시야에 들어온다.

부츠마

다다미
방(7.3)

L·D·K
(34.0)

욕실

세면실

화장실

팬트리

현관

포치

빨래 건조실은 직사
광선이 강하지 않은
북쪽에.

방
(8.4)

위크인클로젯
(4.9)

토방
수납공간
(3.2)

안방
(11.3)

방
(8.1)

화장실

위크인
클로젯
(4.9)

동선에 팬트리가 있으
면 수납이 자연스럽게
이어진다.

코트나 가방류는 여기
에. 꽃가루나 먼지를 토
방에서 털어내고 건다.

Data
부부 + 아이 2명(1세·3세)
바닥 면적 … 129.2m²

왼쪽에서도 오른쪽에서도 돕기 좋은 아일랜드 키친

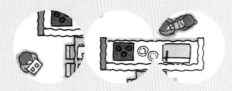

부부 모두 요리를 좋아한다는 다키시타. "최근에 큰딸이 요리에 관심을 보이기 시작했습니다. 둘째나 셋째도 더 크면 다 함께 요리할 수 있는 집을 만들고 싶었지요." 그래서 아일랜드 키친을 선택했다. 왼쪽이든 오른쪽이든 조리대에 자유롭게 드나들 수 있어서 여럿이 동시에 작업하기 편하다. 냉장고는 주방의 대각선 뒤쪽에 설치했다. "조리대를 지나지 않아도 접근할 수 있어서 거실에 있는 가족에게 '이것 좀 꺼내줄래?'라고 말하기 쉽습니다. 여러 방향에서 요리에 참여할 수 있는 배치이지요."

단, 아일랜드 키친은 일반적으로 벽붙이 주방보다 비용이 꽤 든다. 다키시타는 보통보다 작은 유닛을 선택하고 옆면을 심플한 타일로 마감하는 등의 방법으로 비용 절감을 꾀했다. "가성비가 좋은 모자이크 타일을 소개받았습니다. 색을 고르는 과정도 즐거웠고, 좋은 추억이 되었지요."

육아로 바쁜 하루하루를 보내는 가운데 편리함을 느끼는 부분은 그 밖에도 있다. "뒤턱이 조리대보다 20cm 정도 높아 식탁에서 조리대가 보이지 않습니다. 요리 중에는 아무래도 조리대가 어수선해지는데, 식탁에서 그 모습이 보이지 않으면 차분하게 식사할 수 있지요. 생활할수록 새로운 장점이 보이는 주방입니다."

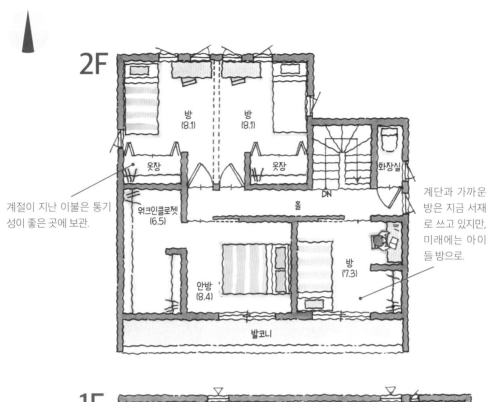

2F

방 (8.1)

방 (8.1)

옷장

옷장

화장실

워크인클로젯 (6.5)

홀

DN

방 (7.3)

안방 (8.4)

발코니

계절이 지난 이불은 통기성이 좋은 곳에 보관.

계단과 가까운 방은 지금 서재로 쓰고 있지만, 미래에는 아이들 방으로.

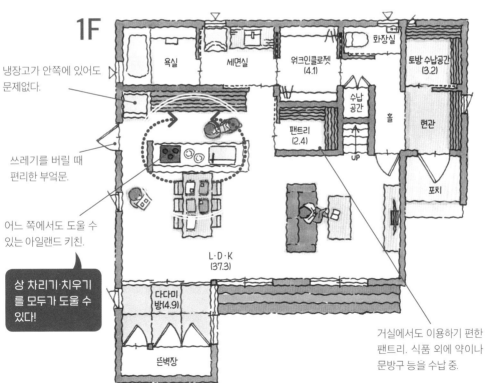

1F

욕실

세면실

워크인클로젯 (4.1)

화장실

토방 수납공간 (3.2)

수납 공간

팬트리 (2.4)

홀

현관

포치

L·D·K (37.3)

다다미 방(4.9)

뜬벽장

냉장고가 안쪽에 있어도 문제없다.

쓰레기를 버릴 때 편리한 부엌문.

어느 쪽에서도 도울 수 있는 아일랜드 키친.

상 차리기·치우기를 모두가 도울 수 있다!

거실에서도 이용하기 편한 팬트리. 식품 외에 약이나 문방구 등을 수납 중.

Data

부부 + 아이 3명(0세·2세·7세)
바닥 면적 ⋯ 1F : 73.7m² | 2F : 54.7m²

낚시 & 요리 애호가의
주방

노자키는 선박 조종 면허를 취득했을 만큼 낚시를 좋아한다. "주말에는 새벽부터 바다로 나가고, 물고기를 많이 잡은 날에는 친구를 부릅니다. 갓 잡은 생선을 바로 손질해 대접할 수 있는 집을 꿈꿔온 배경이지요."

그래서 생선 전용 싱크대를 설치했다. 신발 보관실의 한구석이지만 토방이어서 바닥이 젖어도 문제없다. 귀가하자마자 작업을 하기도 편하다. 그리고 팬트리를 지나 주방으로 간다. "냉장고를 팬트리에 설치한 덕분에 사 온 다른 식재료를 바로 넣을 수 있지요. 거실에서 보이지 않아 마음에 듭니다."

손님은 다른 동선을 통해 집에 들어온다. 현관에서 홀을 지나 문을 열면 카운터에 서 있는 노자키가 맞이한다. "만들자마자 대접할 수 있다는 점이 기쁩니다. L자형 카운터도 콤팩트하고 사용하기 편해서 마치 작은 음식점의 주인이 된 것 같은 기분이 들어 만족스럽습니다."

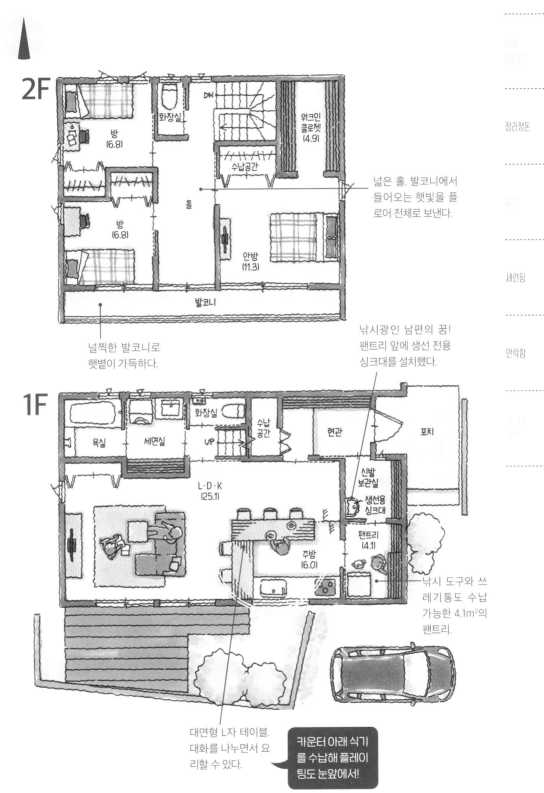

2F

방 (6.8)

화장실

DN

워크인 클로젯 (4.9)

수납공간

홀

방 (6.8)

안방 (11.3)

발코니

넓은 홀. 발코니에서 들어오는 햇빛을 플로어 전체로 보낸다.

널찍한 발코니로 햇볕이 가득하다.

낚시광인 남편의 꿈! 팬트리 앞에 생선 전용 싱크대를 설치했다.

1F

욕실

세면실

화장실

UP

수납공간

현관

포치

신발 보관실

L·D·K (25.1)

생선용 싱크대

팬트리 (4.1)

주방 (6.0)

낚시 도구와 쓰레기통도 수납 가능한 4.1m²의 팬트리.

대면형 L자 테이블. 대화를 나누면서 요리할 수 있다.

카운터 아래 식기를 수납해 플레이팅도 눈앞에서!

Data

부부 + 아이 2명(3세·7세)

바닥 면적 … 1F : 57.6m² | 2F : 48.4m²

정리정돈

세련됨

안락함

요리 중에도 지켜볼 수 있는
주방 옆 책 코너

책 코너
(7.3)

아내인 아키는 자신만의 독자적인 레시피를 고안할 정도의 요리 애호가다. "일단 주방에
서면 한참을 있게 되므로 아이들이 어디에 있든 무엇을 하는지 알 수 있으면 좋겠어요."

그 바람을 전하자 설계사는 주방이 중심에 있는 방 배치를 제안했다. 조리대의 정면으로는
거실이, 옆으로는 책 코너가 보이므로 아이들이 놀거나 공부하는 모습을 지켜볼 수 있다. "숙
제를 하고 있다든가, 싸움을 시작했다든가, 아이들이 어디에 있든 상황을 알 수 있답니다."

책 코너는 어른과 아이 모두 좋아하는 장소다. 약 7m²의 벽 한 면에 6단 책장을 설치하고
문고본, 만화책, 대형 도감, 지구본, 책가방까지 수납하고 있다. "그전까지는 남편의 책을 창고
에 두었는데, 이 집이 완성된 뒤로는 전부 이곳에 두고 있어요. 저도 요리를 하면서 요리책이
나 에세이를 꺼내 오기 쉽고, 아이들은 어른들이 보는 책에도 자연스럽게 관심을 보이게 되지
요. 정말 좋은 장소가 생겼다고 느끼고 있답니다."

책장은 소나무로 만들었는데, 비용은 적게 들고 온기가 느껴져서 좋다고 한다. "같은 소재
로 아이들 방의 책상도 만들었어요. 가격은 기성품과 큰 차이가 없지만, 만듦새는 훨씬 좋답
니다." 몇 년이 지나면 아이들은 자기 방에서 보내는 시간이 늘어날 것이다. 그러나 아키는
"그렇게 되더라도 애착을 가질 수 있는 방이라고 생각해요"라며 미래를 즐겁게 이야기했다.

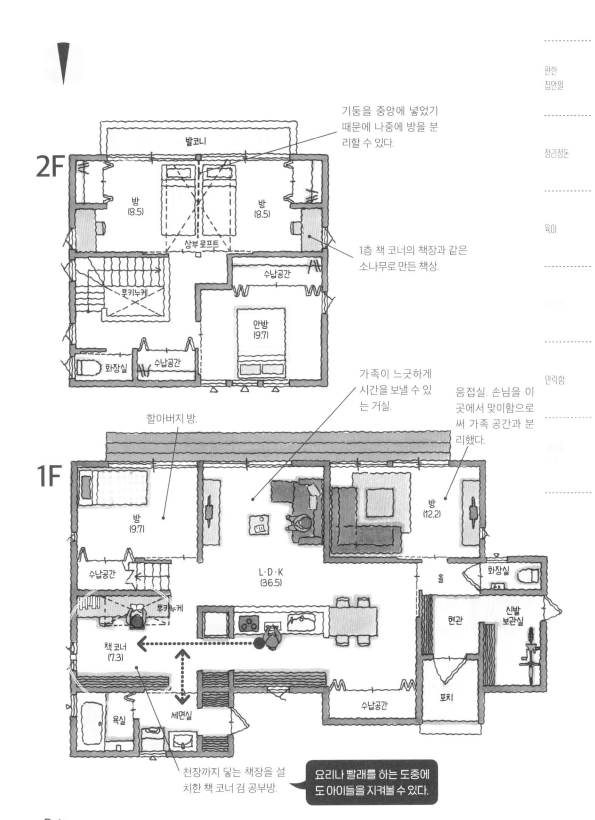

기둥을 중앙에 넣었기 때문에 나중에 방을 분리할 수 있다.

1층 책 코너의 책장과 같은 소나무로 만든 책상.

가족이 느긋하게 시간을 보낼 수 있는 거실.

응접실. 손님을 이곳에서 맞이함으로써 가족 공간과 분리했다.

할아버지 방.

천장까지 닿는 책장을 설치한 책 코너 겸 공부방.

요리나 빨래를 하는 도중에도 아이들을 지켜볼 수 있다.

Data
주부 + 부부 + 아이 2명(6세·9세)
바닥 면적 … 1F : 91.1m² | 2F : 44.7m²

야외 활동을 좋아한다면?
초실용적 덱과 부엌문의 관계

야외 활동을 굉장히 좋아하는 무라카미. "당분간은 아이들이 어려서 멀리 나갈 수 없으므로 대신 가볍게 바비큐 파티를 할 수 있는 집을 만들고 싶었습니다."

파티 장소는 남동쪽의 우드 덱. 그릴, 숯, 식재료를 팬트리에 준비해두었다가 부엌문을 통해서 옮긴다. "음식물 쓰레기 같은 지저분한 것도 실내를 거치지 않고 버릴 수 있어 좋습니다. 친구를 초대해 거실이 혼잡할 때도 바깥 동선이 따로 있으면 준비나 치우기가 수월하지요."

시선 차단용 목제 울타리는 덱으로부터 거리를 두고 설치했다. "부엌문을 통해서 덱을 오가기가 수월하고 통풍도 잘됩니다. 사계절을 느끼게 해주는 정원수도 심을 수 있어서 풍요로운 덱이 되었지요."

바비큐 파티를 하지 않는 평범한 날에는 창문을 활짝 열어서 거실과 이어지도록 한다. "아이들은 덱에서 그림을 그리거나 블록 쌓기를 합니다. '바깥은 기분 좋은 곳'이라는 감각을 피부로 느끼고 있어요."

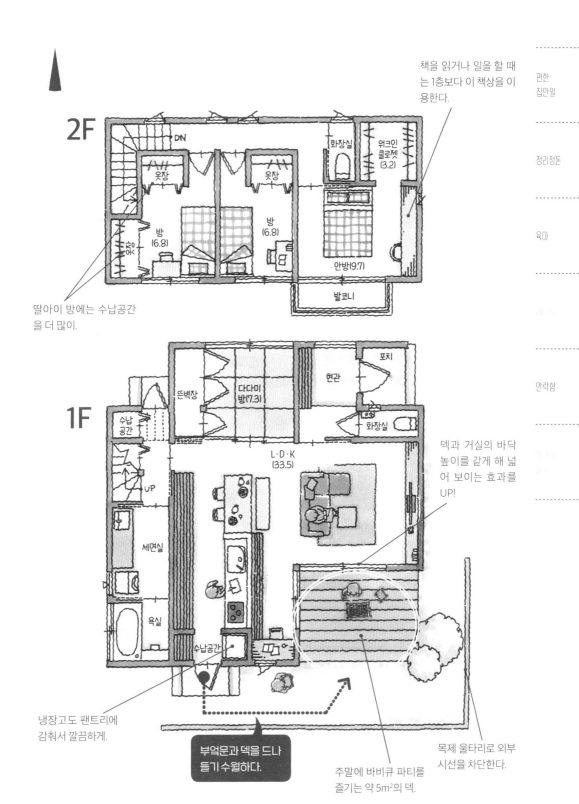

2F

책을 읽거나 일을 할 때는 1층보다 이 책상을 이용한다.

DN

옷장

옷장

화장실

워크인 클로젯 (3.2)

방 (6.8)

방 (6.8)

안방(9.7)

발코니

딸아이 방에는 수납공간을 더 많이.

1F

뜬벽장

다다미방(7.3)

현관

포치

수납공간

화장실

UP

L·D·K (33.5)

세면실

욕실

수납공간

덱과 거실의 바닥 높이를 같게 해 넓어 보이는 효과를 UP!

냉장고도 팬트리에 감춰서 깔끔하게.

부엌문과 덱을 드나들기 수월하다.

주말에 바비큐 파티를 즐기는 약 5m²의 덱.

목제 울타리로 외부 시선을 차단한다.

Data
부부 + 아이 2명(0세·3세)
바닥 면적 … 1F : 66.2m² | 2F : 41.4m²

자랑하고 싶어지는 **주방 SNAP**

요리에 집중할 수 있는 적당한 폐쇄감

칸막이로 다이닝룸과의 사이를 적당히 분리한 세미 클로즈드 키친. 요리하거나 치우는 데 집중할 수 있으며, 다소 어질러지더라도 거실과 다이닝룸에서 보이지 않는 것이 장점.

악센트는 녹색 벽지로♪

딸과 함께 과자 만들기

편리하게 이용할 수 있는 넉넉한 크기의 카운터. '아이와 함께 빵이나 케이크를 만들고 싶어!'라는 꿈을 이루었다.

몸을 돌리기만 하면 되는 ㄷ자형 주방

싱크대, 작업 공간, 가스레인지가 ㄷ자 형태의 카운터에 모여 있다. 중앙에 서면 몸의 방향을 바꾸는 것만으로 모든 작업을 즉시 할 수 있다.

"이것 좀 가져가 줄래?"라고 부탁하기 편해요!

마음이 차분해지는 '좌식 테이블'

카운터식 주방을 좌식 식사 공간과 연결했다. 방금 만든 요리를 즉시 가족이 함께 먹는다.

'보여줄 것과 보여주지 않을 것'을 명확히 구분해 멋진 주방을

거위 목 수도꼭지와 개성이 살아 있는 타일, 다이내믹한 들보는 '보여주고 싶은' 포인트. 반대로 작업 중인 조리대는 철저히 감추기 위해 뒤턱을 높게 만들었다.

북유럽의 작은 집을 모티프로!

삼각 지붕 모양의 팬트리

흰 타일과 카페 커튼, 소나무 바닥으로 내추럴하게 연출한 주방. 앞쪽은 팬트리로, 삼각 지붕 모양의 입구가 소소한 재미를 느끼게 한다.

세탁기를 2층에 설치하면
'세탁 → 건조 → 수납'이 한 번에

5인 가족인 구리타는 세탁기를 매일 두세 번씩 돌린다. "예전 집에서는 젖어서 무거운 세탁물을 들고 계단을 올라가서 널고, 마르면 거실로 내려와서 개고, 그걸 다시 각자의 방으로 옮기고… 빨래가 집안일 중에서도 제일 중노동이었어요"라는 아내 아이카. "그렇다면 세탁기를 2층에 설치하는 건 어떻겠습니까?"라는 제안을 받았을 때, 눈이 번쩍 뜨였다고 한다. "게다가 걷은 옷들을 바로 수납할 수 있는 워크인클로젯도 근처에 있어서 세탁 → 건조 → 수납을 한 번에 해결할 수 있다고 생각했어요."

워크인클로젯의 넓이는 약 5m². 한쪽에 상하 2단 봉을 설치해 길이가 짧은 옷을 되도록 많이 수납할 수 있다. "마른 옷은 옷걸이째 들고 와서 그대로 걸 수 있어요. 티셔츠나 반바지도 개거나 분류하지 않아도 되고요!"

1층 세면실은 세탁기가 없어진 만큼 널찍해졌다. 몸단장이나 바닥 청소도 하기 수월해졌다고. "아이와 목욕을 하고 나왔을 때도 쾌적하게 몸단장을 할 수 있게 되었어요. 생활 속의 여러 상황에서 여유를 느끼게 되었답니다."

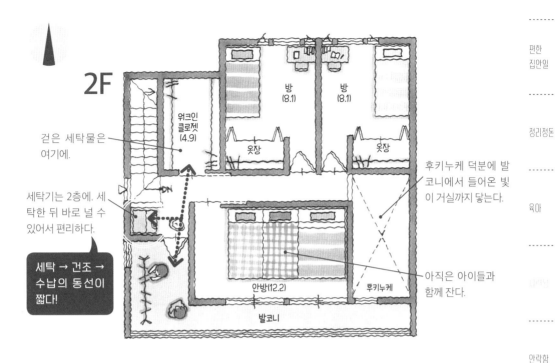

2F

걷은 세탁물은 여기에.

세탁기는 2층에. 세탁한 뒤 바로 널 수 있어서 편리하다.

세탁 → 건조 → 수납의 동선이 짧다!

워크인 클로젯 (4.9)

방 (8.1)

방 (8.1)

옷장

옷장

후키누케 덕분에 발코니에서 들어온 빛이 거실까지 닿는다.

아직은 아이들과 함께 잔다.

안방(12.2)

후키누케

발코니

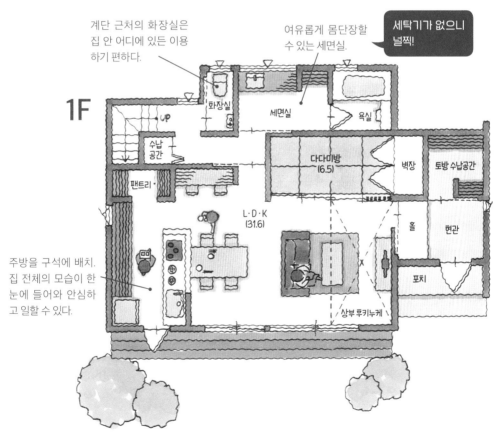

계단 근처의 화장실은 집 안 어디에 있든 이용하기 편하다.

여유롭게 몸단장할 수 있는 세면실.

세탁기가 없으니 널찍!

1F

화장실

세면실

욕실

수납 공간

다다미방 (6.5)

벽장

토방 수납공간

팬트리

L·D·K (31.6)

홀

현관

포치

주방을 구석에 배치. 집 전체의 모습이 한눈에 들어와 안심하고 일할 수 있다.

상부 후키누케

Data

부부 + 아이 3명(0세·3세·6세)

바닥 면적 … 1F : 67.1m² | 2F : 47.2m²

손 씻기·가글링·정리를
자연스럽게 유도하는 마법의 방 배치

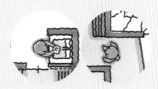

기타하라 부부는 아이가 셋이다. "모두가 건강하게 자라준다면 그것으로 충분합니다. 남에게 피해를 주지 않는 최소한의 습관만 들인다면 더욱 좋겠네요."

그러나 주의를 주지 않으면 귀가 후에 손 씻기와 가글링을 하지 않으므로 매일 신경이 쓰였다고 한다. 그래서 새집에는 현관 곁에 세면대를 설치했다. 토방 수납공간에 신발과 놀이 도구를 수납한 뒤 손 씻기·가글링을 하는 흐름으로 이어지도록 위치를 정한 것이다. "귀가 동선에 세면대가 있으니 제가 주의를 주지 않아도 자연스럽게 손을 씻고 가글링을 하더군요. 이전엔 거실을 지나야 세면실이 나오는 구조여서 그랬구나! 하고 원인을 깨달았습니다." 현관에서 거실로도 갈 수 있다. "손님은 이쪽 동선으로 이동합니다. 토방 수납공간이 어질러져 있어도 그곳은 가족만 쓰는 공간이라 마음이 편하지요."

아이들에게 나타난 놀라운 변화는 또 있다. 그것은 '꺼냈으면 정리하는' 습관이 들었다는 것이다. 거실 한구석에 있는 바닥이 높은 다다미방이 아이들의 놀이터인데, 다다미방의 바닥 아랫부분 서랍에서 장난감을 꺼내 논 다음 다시 집어넣는 습관이 들었다고 한다. "사용하는 장소와 정리하는 장소가 같아서 그런 것 같습니다. 지금은 서랍 정리는 신경 쓰지 않고 '정리하는 습관'을 우선하고 있습니다."

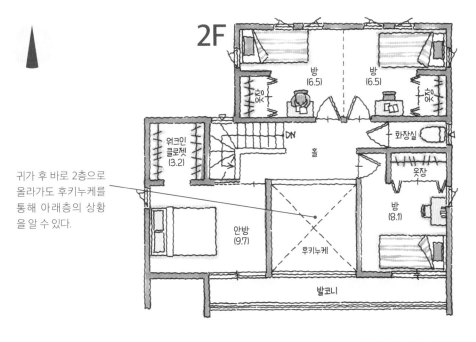

2F

방 (6.5)

방 (6.5)

워크인 클로젯 (3.2)

홀

화장실

옷장

방 (8.1)

귀가 후 바로 2층으로 올라가도 후키누케를 통해 아래층의 상황을 알 수 있다.

안방 (9.7)

후키누케

발코니

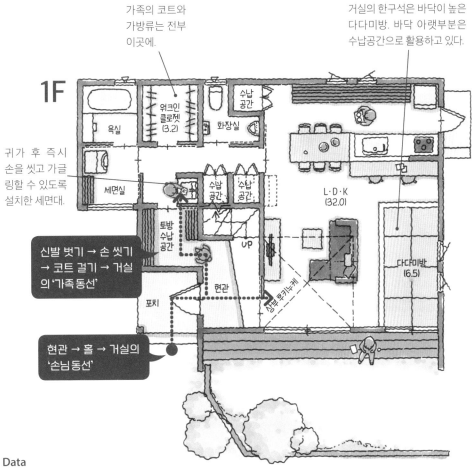

가족의 코트와 가방류는 전부 이곳에.

거실의 한구석은 바닥이 높은 다다미방. 바닥 아랫부분은 수납공간으로 활용하고 있다.

1F

욕실

워크인 클로젯 (3.2)

수납 공간

화장실

세면실

수납 공간

수납 공간

L·D·K (32.0)

귀가 후 즉시 손을 씻고 가글 링할 수 있도록 설치한 세면대.

토방 수납 공간

UP

다다미방 (6.5)

신발 벗기 → 손 씻기 → 코트 걸기 → 거실 의 '가족동선'

포치

현관

상부 후키누케

현관 → 홀 → 거실의 '손님동선'

Data

부부 + 아이 3명(0세·4세·6세)
바닥 면적 … 1F : 69.6m² | 2F : 51.3m²

동선에 수납공간이 있으면
자연스럽게 치우게 된다

정리정돈이 서툴다는 사사키. 예전 집에서는 항상 옷과 잡화가 여기저기에 널브러져 있었다고 한다. "'다음에 집을 지을 때는 뭐든 다 들어갈 만큼의 수납공간을 많이 만들겠어!'라고 생각했답니다."

그런데 설계사로부터 "수납공간을 많이 만들지 않아도 됩니다"라는 말을 듣고 깜짝 놀랐다. "'정리정돈이 서툰 게 아니라 방 배치가 정리정돈을 어렵게 하는 건 아닐까?'라는 말을 들으니 정신이 번쩍 들더군요." 분명히 그전까지는 어질러진 물건을 치우려면 이리로 가져가고 저리로 가져가야 해서 귀찮았다고 한다. "'아이들은 집에 오면 가방을 놓고 손 씻기와 가글링을 한 다음 실내복으로 갈아입고…' 이런 식으로 행동 패턴을 종이에 적어보니 알맞은 자리에 물건을 수납할 공간이 없었더라고요."

새집에서는 생활 동선을 따라 수납 장소를 설치했다. 특히 세면실과 거실을 연결하는 통로 겸 드레스룸이 마음에 든다. "여기에 실내복을 두면 귀가 후 자연스럽게 옷을 갈아입을 수 있어요. 벗은 옷은 옆에 있는 세탁기에 넣을 수 있어 더러운 양말이 거실에서 사라졌답니다."

그 밖에도 현관과 계단 아래, 다다미방 등 곳곳에 수납공간을 만들었더니 거실이 항상 깔끔함을 유지하게 되었다. "물건을 수납할 장소가 정해져 있기만 해도 집 안이 이렇게 깨끗해진다는 걸 알고 감동했어요."

2F

워크인클로젯

화장실

안방
(9.7)

DN

방
(14.6)

발코니

약 5m²의 워크인클로젯.
안방 안에 있지만, 복도 정
면이어서 가족끼리 공유
하고 있다.

> 동선을 겸하고 있어
> 작은 집에 안성맞춤!

가동 범위가 넓어서 물건
을 넣고 꺼내기 쉬운 정사
각형의 오픈 팬트리.

주방과 탈의실·세면실 사이
에 있는 통로형 드레스룸.

50켤레가 넘는 부부의
신발을 수납하는 곳. 현
관이 깔끔해졌다.

1F

수납공간

욕실 · 탈의실 · 세면실

화장실

신발 보관실

위크인클로젯

수납
공간

수납
공간

현관

포치

UP

수납공간

L·D·K
(32.0)

다다미
방(7.3)

계단 아래의 수납공간. 운
반용 카트를 이용하면 무
거운 물건도 쉽게 넣고 꺼
낼 수 있다.

Data
부부 + 아이 2명(4세·8세)
바닥 면적 … 1F : 74.5m² | 2F : 43.0m²

남향의 개방적인 욕조가 있는 집

목욕을 굉장히 좋아하는 가와노는 온천 기분을 맛볼 수 있는 집에서 사는 것이 꿈이었다. "남쪽으로 펼쳐진 밭 너머로 푸르른 산이 보입니다. 그 한가로운 풍경을 보면서 목욕을 하면 참 좋겠다는 생각에 이 토지를 매입했지요."

그 희망을 이루기 위해 욕실은 남쪽에 설계했다. 욕조 크기는 보통이지만, 목욕물에 몸을 담갔을 때 딱 얼굴 위치에 오도록 창의 높이를 설정했다. "목욕물에 몸을 담근 채 시간이나 계절에 따라 변하는 경치를 즐길 수 있습니다. 창을 열면 노천탕에 온 기분이 들지요. 그렇다 보니 목욕 시간이 길어지고는 합니다."

탈의실은 처마를 깊게 만든 빨래 건조장과 연결된다. "빨래는 제 담당입니다. 아침에 일어나면 벗은 파자마를 세탁기에 넣고 스위치를 켠 다음 목욕을 시작하는데, 목욕을 마쳤을 즈음에는 세탁이 끝나므로 바람을 맞으면서 기분 좋게 빨래를 넙니다."

욕실·세면실과 침실이 L·D·K와 명확히 분리된 것도 마음에 든다고 한다. 세면실과 거실을 왔다 갔다 하지 않아도 되므로 입욕 후 매끄럽게 취침 모드로 들어갈 수 있다고. "아이들도 취침 시간을 지킬 수 있게 되었습니다. 젖은 수건을 거실에 던져놓는 일도 없어져서 정리와 세탁에 들어가는 수고가 크게 줄어들었지요."

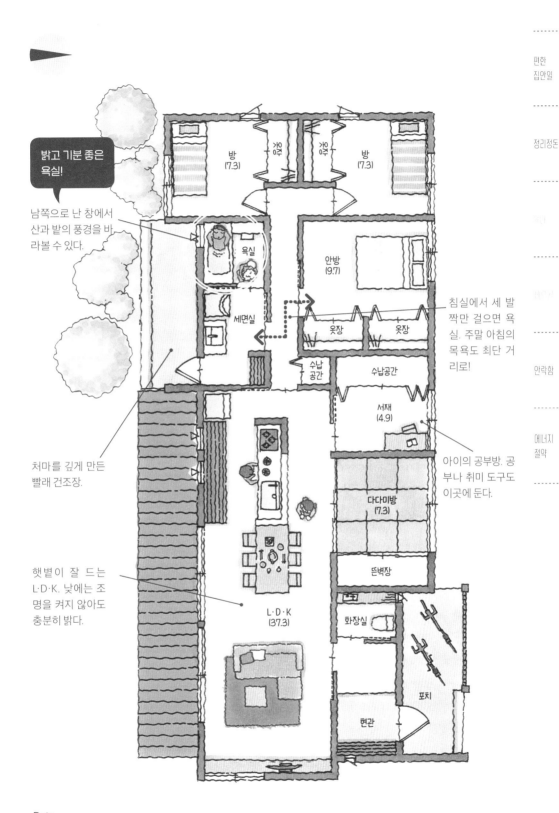

밝고 기분 좋은
욕실!

남쪽으로 난 창에서
산과 밭의 풍경을 바
라볼 수 있다.

처마를 깊게 만든
빨래 건조장.

햇볕이 잘 드는
L·D·K. 낮에는 조
명을 켜지 않아도
충분히 밝다.

침실에서 세 발
짝만 걸으면 욕
실. 주말 아침의
목욕도 최단 거
리로!

아이의 공부방. 공
부나 취미 도구도
이곳에 둔다.

방
(7.3)

옷장

옷장

방
(7.3)

욕실

안방
(9.7)

세면실

옷장

옷장

수납
공간

수납공간

서재
(4.9)

다다미방
(7.3)

뜬벽장

L·D·K
(37.3)

화장실

포치

현관

Data
부부 + 아이 2명(5세·7세)
바닥 면적 … 110.13m²

비 오는 날이나 밤에도
빨래를 말릴 수 있는 선룸

　부부가 의료 계열에 종사하는 사와다. "평일 밤에는 제습기를 켜고 빨래를 말려요. 주말에는 바깥에 빨래를 너는데, 사생활이 조금 신경 쓰였어요." 소셜네트워크서비스에서 자주 검색한 키워드도 '실내에서 빨래 말리기 좋은 방 배치'였는데, 그러다 선룸(Sunroom)을 알게 되었다. "이거라면 시간도 사람들의 눈도 신경 쓸 필요가 없겠구나 싶었어요. 여기에 다림질할 공간을 만들 수 있다면 이상적이겠구나 하고 꿈을 부풀렸지요."

　설계사는 의견을 반영해 1층에 선룸을 설계했다. 욕실과 세면실과도 가까워 빨래를 최단 거리로 해결할 수 있다. 덱에는 시선을 차단하기 위한 목제 울타리를 설치했다. "햇빛도 잘 들어오고, 실내라서 언제든 빨래를 말릴 수 있어요. 정신적으로도 집안일이 편해졌답니다."

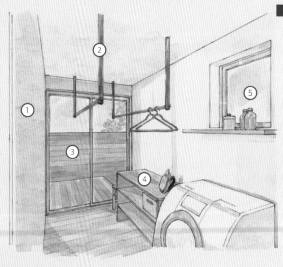

■ "주택지이다 보니 실내에서 빨래를
　말려야 마음이 놓이지요."

① 약 5m²의 선룸
② 탈부착이 가능한 빨래 봉은 떼어내면
　공간이 깔끔해진다
③ 사생활을 보호하기 위해 울타리를 설
　치한 덱
④ 선반이 있으면 다림질이나 빨래를 잠시
　내려놓을 때 편리하다
⑤ 소품을 장식할 수 있는 채광용 작은 창

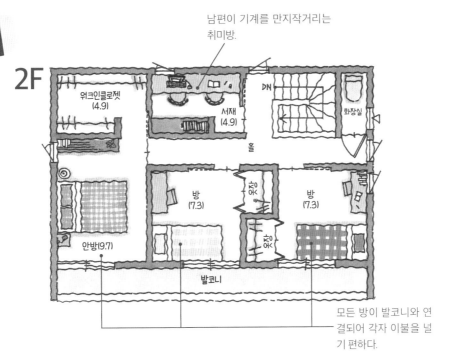

2F

남편이 기계를 만지작거리는 취미방.

워크인클로젯
(4.9)

DN

화장실

서재
(4.9)

홀

방
(7.3)

옷
장

방
(7.3)

안방(9.7)

육
아

발코니

모든 방이 발코니와 연결되어 각자 이불을 널기 편하다.

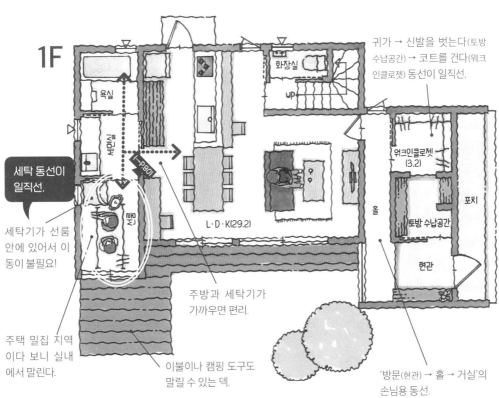

1F

귀가 → 신발을 벗는다(토방 수납공간) → 코트를 건다(워크인클로젯) 동선이 일직선.

욕실

화장실

UP

세탁실

워크인클로젯
(3.2)

포치

L·D·K(29.2)

홀

토방 수납공간

현관

세탁 동선이 일직선.

세탁기가 선룸 안에 있어서 이동이 불필요!

주방과 세탁기가 가까우면 편리.

주택 밀집 지역이다 보니 실내에서 말린다.

이불이나 캠핑 도구도 말릴 수 있는 덱.

'방문(현관) → 홀 → 거실'의 손님용 동선.

Data
부부 + 아이 2명(4세·10세)
바닥 면적 … 1F : 61.3m² | 2F : 49.7m²

아침 준비 시간의 혼잡을 해결!
세면대와 화장실을 2개씩

초등학생 쌍둥이 딸을 둔 이즈미 부부. 평일에는 맞벌이 부부와 두 딸의 출근·등교 시간이 모두 7시라서 양치질이나 세수를 하려면 기다려야 하는 것이 작은 스트레스였다. "새집을 지을 때 화장실과 세면실을 신경 썼어요. 비용이 들더라도 '세면대를 2개 놓자'라고 남편과 의견을 공유했지요."

세면대를 1개 설치하는 경우에 비해 10만 엔 정도의 추가 비용이 들지만, 아이들 성장도 염두에 두고 용단을 내렸다. 거울도 폭 2m의 넉넉한 크기를 선택했다. "아침이 쾌적해졌어요. 순서를 기다릴 필요가 없어져서 10분은 일찍 준비를 마칠 수 있고, 거울이 커져서 세면실 전체가 밝아진 기분이에요." 화장실도 두 곳에 만들었다. "거실과 가까운 쪽은 손님용으로도 쓰고 있어요. 딸들도 평소부터 청결을 유지하는 의식이 생겼는지 꽃으로 간단한 장식을 하는 등 즐거운 변화가 일어났답니다."

부지의 남쪽 절반은 햇볕이 잘 드는 L·D·K. 7.3m²의 다다미방과는 바닥의 높이를 의도적으로 일치시켜 일체감을 높였다. "가족이 이곳에 있을 때도 각자 자신이 있을 곳을 찾아내요. 남편은 소파, 저는 주방, 큰애는 다다미방에서 놀고, 작은애는 창가에서 그림을 그리고…. 모두가 있다는 안심감을 주면서도 각자 자유롭고 느긋하게 시간을 보낼 수 있는 방 배치가 우리 가족하고 정말 잘 어울린다는 생각이 드네요."

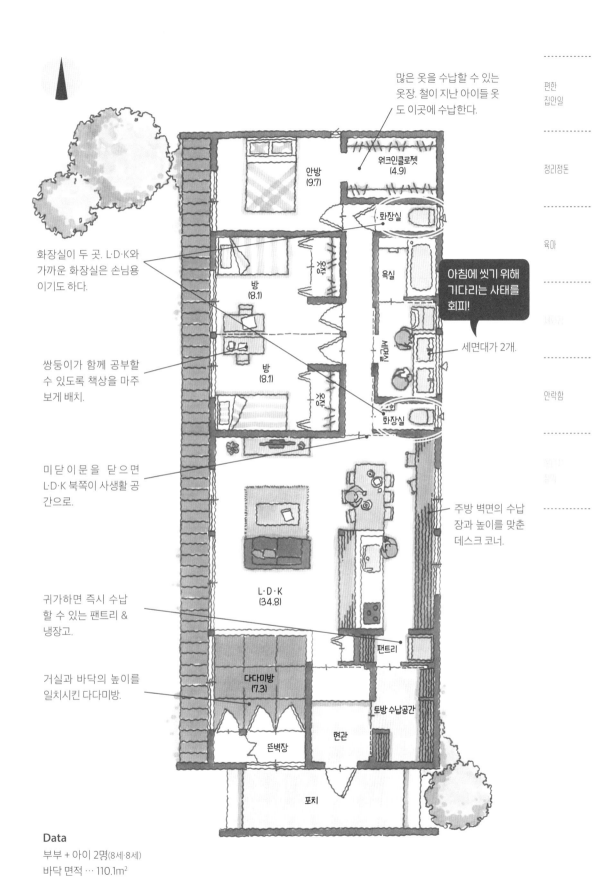

많은 옷을 수납할 수 있는 옷장. 철이 지난 아이들 옷도 이곳에 수납한다.

위크인클로젯
(4.9)

안방
(9.7)

화장실

화장실이 두 곳. L·D·K와 가까운 화장실은 손님용이기도 하다.

옷장

방
(8.1)

욕실

세면실

아침에 씻기 위해 기다리는 사태를 회피!

세면대가 2개.

쌍둥이가 함께 공부할 수 있도록 책상을 마주보게 배치.

방
(8.1)

옷장

화장실

미닫이문을 닫으면 L·D·K 북쪽이 사생활 공간으로.

주방 벽면의 수납장과 높이를 맞춘 데스크 코너.

L·D·K
(34.8)

귀가하면 즉시 수납할 수 있는 팬트리 & 냉장고.

팬트리

거실과 바닥의 높이를 일치시킨 다다미방.

다다미방
(7.3)

토방 수납공간

뜬벽장

현관

포치

Data
부부 + 아이 2명(8세·8세)
바닥 면적 … 110.1m²

자랑하고 싶어지는 **새니터리 SNAP**

엄마와 딸의 파우더룸

가족이 공유하는 세면대와 별도로 '여배우 조명'을 부착한 파우더룸을 설치했다. 미닫이문을 닫으면 '지금은 메이크업 중 또는 옷을 갈아입는 중!'이라는 표시다.

> 메이크업이 즐거워졌어요!

쉬기 전에 손 씻고 가글링하기

귀가하면 바로 옷을 갈아입으려고 침실로 발걸음을 옮긴다. 방을 나왔을 때 작은 세면대가 있으면 귀찮아하지 않고 손 씻기와 가글링을 할 수 있어 편리하다. 취침 전 양치질할 때도.

> 고재(古材)와 무광 타일을 썼어요!

정성을 들인 빈티지 룩

주방 옆에 배치한 세면실. 그 사이의 미닫이문은 열어놓을 때가 많으므로 타일이나 바닥재의 분위기를 통일시킴으로써 거실에서 보이더라도 멋스럽도록 신경 썼다.

비가 와도 안심하고
빨래를 말릴 수 있는 선룸

날씨나 시간에 구애받지 않고 빨래를 말릴 수 있는, 그토록 바라던 선룸을 만들었다. 바닥에는 단색의 모자이크 타일을 꽃 모양으로 붙였다. 빨래를 마친 뒤에도 계속 머무르고 싶어지는 공간이다.

빨래를 널 때만 와이어를 설치해요.

물 쓰는 곳이 일직선이면
집안일이 편리!

주방을 제외하고 화장실·욕실·세면실 등 수도를 사용하는 시설을 의미하는 새니터리(Sanitary). 물 쓰는 곳을 일직선으로 연결하는 것은 집안일이 편한 방 배치의 철칙이다. 앞쪽의 세면실부터 세탁기와 빨래를 개는 공간, 정원(빨래 너는 장소)이 일직선이어서 최단 동선으로 집안일을 할 수 있다.

거울 수납장도 3개 설치했어요♪

2개의 세면대로 세수할 때의
정체 현상을 회피

출근과 통학 시간이 겹치는 가족은 매일 아침 세수와 양치질을 할 때 기다림이 작은 스트레스. 세면대를 2개 설치해 그 고민을 깔끔하게 해결했다!

아침 햇살을 받으며
기분 좋게 눈을 뜰 수 있는 침실

세무사로 일하는 우에니시는 아침 햇살에 눈을 뜨는 생활을 동경해왔다. "잠에서 깨어난 뒤 3시간 정도의 집중력이 가장 높다고 하지 않습니까? 그러려면 햇빛의 자극으로 무리 없이 잠에서 깨는 게 좋다더군요."

그래서 아침 햇살이 잘 드는 침실을 조건으로 방 배치를 궁리하기 시작했는데, 이때 머릿속에 떠오른 것이 ㄷ자형 집이다. ㄷ자의 움푹 들어간 부분에 중정이 있고, 침실은 중정의 남쪽에 접해 있다. "해가 뜨면서 빛이 방으로 들어옵니다. 30분 정도에 걸쳐 눈꺼풀이 밝기에 익숙해지면 온몸이 개운한 상태로 눈을 뜨지요." 일어나면 주방에서 커피를 내리고, 침실 안에 있는 서재로 발걸음을 옮긴다. "밝고 조용한, 무엇과도 바꿀 수 없는 행복한 시간입니다. 업무에도 독서에도 집중할 수 있지요."

아내 미호가 좋아하는 곳은 통풍이 잘되는 L·D·K. "거실의 창뿐 아니라 중정에서도 바람이 들어왔다가 지나가요. 기분이 상쾌해지도록 아침 일찍 실내 공기를 환기시키고 있지요."

주방에서 바라보는 경치도 눈을 즐겁게 해준다. "아침 식사나 도시락을 만드는 짬짬이 고개를 들면 중정이 보여요. 나뭇잎이 흔들리거나 작은 새가 놀고 있는 모습에 마음이 포근해진답니다." 아이들이 올해 유치원과 초등학교에 입학한다. 가족의 새로운 생활이 기분 좋게 시작될 집이 되었다.

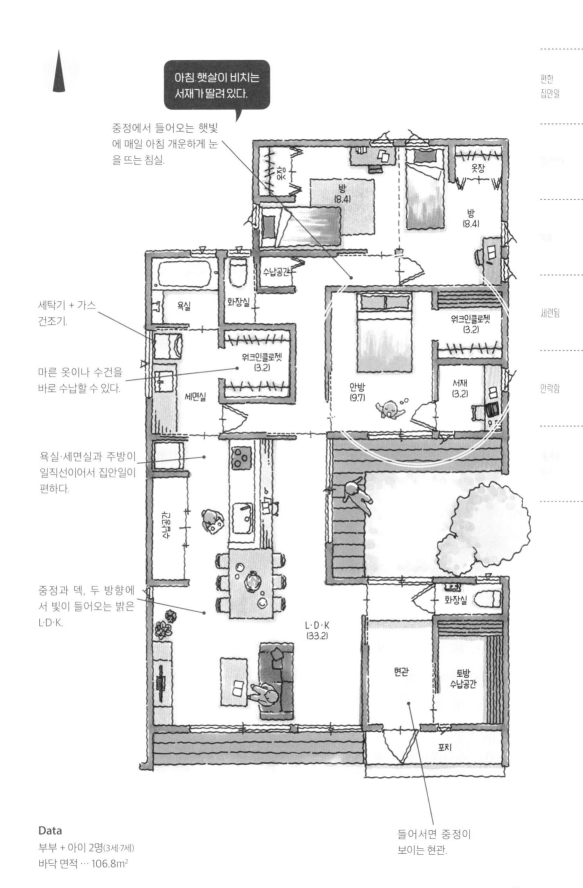

아침.햇살이 비치는
서재가 딸려 있다.

중정에서 들어오는 햇빛
에 매일 아침 개운하게 눈
을 뜨는 침실.

세탁기 + 가스
건조기.

마른 옷이나 수건을
바로 수납할 수 있다.

욕실·세면실과 주방이
일직선이어서 집안일이
편하다.

중정과 덱, 두 방향에
서 빛이 들어오는 밝은
L·D·K.

옷

방
(8.4)

옷장

방
(8.4)

수납공간

욕실

화장실

위크인클로젯
(3.2)

위크인클로젯
(3.2)

세면실

안방
(9.7)

서재
(3.2)

수납공간

L·D·K
(33.2)

화장실

현관

토방
수납공간

포치

들어서면 중정이
보이는 현관.

Data

부부 + 아이 2명(3세·7세)

바닥 면적 … 106.8m²

이불 널기는 각자가!
세 방과 이어지는 긴 발코니

맑은 날에는 꼭 이불을 널어서 말린다는 가와무라. 아이들도 직접 널 수 있도록 2층의 남쪽에 침실을 나란히 배치하고 길이 약 10m의 발코니로 연결했다. "일어나서 한 걸음만 내디디면 발코니로 나갈 수 있으니 부모가 해줄 거라고 믿지 말고 직접 널라는 의미에서…(웃음). 아침에 햇살이 내리쬐니까 개운하게 일어날 수 있고, 현시점에서는 순조롭네요."

아이들이 하교한 뒤에 뽀송뽀송해진 이불이나 세탁물을 걷는 시간은 좋은 커뮤니케이션 기회다. "그냥 얼굴을 마주하면 서먹해지기도 하지만, 함께 손을 움직이면서라면 자연스럽게 대화를 나눌 수 있지요. 우리 집에서는 발코니가 다이닝룸과 거의 같은 수준으로 중요한 장소가 되었답니다."

◤ 모든 방이 발코니와 연결된 남향

① 딸아이(10세) 방
② 아들아이(8세) 방. 지금은 둘이 방을 같이 쓰지만, 언젠가 방을 분리할 수 있도록 창과 문을 따로 달았다
③ 아이들 방이 발코니와 연결되어 있으면 '자기 이불(옷)은 스스로 널어서 말리는' 습관을 들이기 좋다
④ 부모의 방

2F

지금은 남매의 방이 하나로 연결되어 있지만, 장기적으로는 벽을 설치할 예정.

길거리와 맞닿아 있는 쪽의 2층 창은 여기뿐. 외관도 방범 효과도 만점.

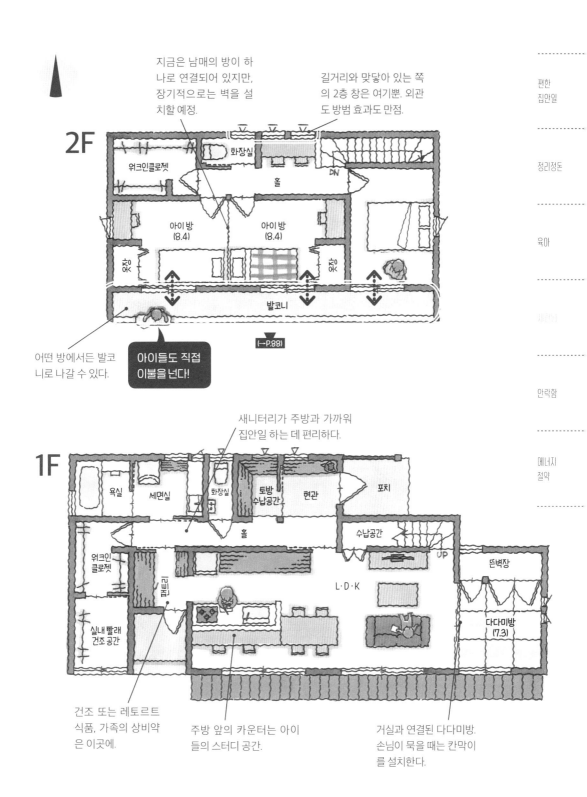

화장실

위크인클로젯

홀

DN

아이 방
(8.4)

아이 방
(8.4)

수납

수납

발코니

(→P.88)

어떤 방에서든 발코니로 나갈 수 있다.

아이들도 직접 이불을 넌다!

1F

새니터리가 주방과 가까워 집안일 하는 데 편리하다.

욕실

세면실

화장실

토방
수납공간

현관

포치

위크인
클로젯

필트리

홀

수납공간

UP

뜬벽장

실내 빨래
건조 공간

L·D·K

다다미방
(7.3)

건조 또는 레토르트 식품, 가족의 상비약은 이곳에.

주방 앞의 카운터는 아이들의 스터디 공간.

거실과 연결된 다다미방. 손님이 묵을 때는 칸막이를 설치한다.

Data
부부 + 아이 2명(8세·10세)
바닥 면적 … 1F : 75.4m² | 2F : 45.5m²

남편은 바닥, 아내는 침대에 있으면서도 즐겁게 대화할 수 있는 침실

지금까지는 더블베드에서 잠을 잤던 나리타 부부. "저는 바닥에서 요를 깔고 자는 쪽을 더 좋아합니다. 앞으로 30년을 살 집이라면 요를 깔고 잘 수 있는 방을 만들고 싶었지요."

그래서 방의 면적을 약 16m²로 넓게 확보하고 일부분의 바닥을 높여 류큐 다다미를 깔았다. 다다미 바닥의 높이는 요를 깔고 누웠을 때 옆에 있는 침대와 눈높이가 일치하도록 했다. "편안한 자세로 이야기를 나눌 수 있습니다. 지금은 이곳이 거실 이상으로 안락해서 신문을 읽거나 스트레칭을 하는 등 지정석이 되었지요."

아내는 수납공간이 마음에 든다고 한다. "옷장을 분리한 것은 정말 좋은 판단이었어요. 수납도 세탁도 각자 해결하니 집안일에 관한 부담이 꽤 줄었답니다."

◀ **수면의 질을 중시한 침실**

① 세로 슬릿 창. 빛은 억제되지만 바람은 잘 들어온다
② 수납력이 발군인 벽장
③ 바닥파인 남편은 이곳에서 잔다. 주말에도 이곳에서 여유롭게 시간을 보낸다
④ 아내는 침대파. 다다미 바닥의 높이는 이 침대의 높이에 맞춘 것이다

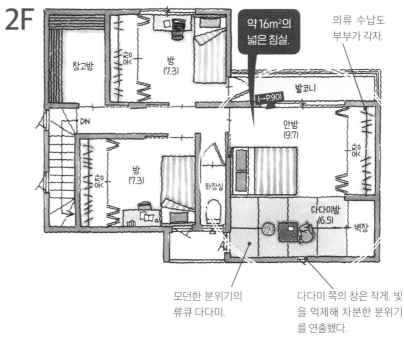

2F

약 16m²의 넓은 침실.

의류 수납도 부부가 각자.

모던한 분위기의 류큐 다다미.

다다미 쪽의 창은 작게. 빛을 억제해 차분한 분위기를 연출했다.

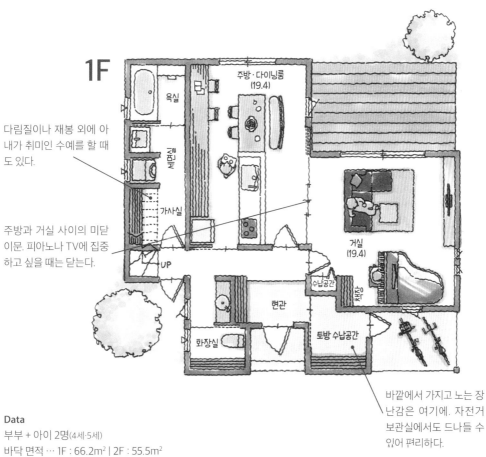

1F

다림질이나 재봉 외에 아내가 취미인 수예를 할 때도 있다.

주방과 거실 사이의 미닫이문. 피아노나 TV에 집중하고 싶을 때는 닫는다.

바깥에서 가지고 노는 장난감은 여기에. 자전거 보관실에서도 드나들 수 있어 편리하다.

Data
부부 + 아이 2명(4세·5세)
바닥 면적 … 1F : 66.2m² | 2F : 55.5m²

어디에 있든 바깥을 느낄 수 있는
도넛 하우스

바로 옆에 간선 도로가 있는 편리한 위치를 찾아낸 고마쓰 부부. 남편 료는 출퇴근용과 취미용 바이크 2대를 세울 차고를, 아내 아이는 차분한 정원을 바랐다. "가급적 실내에서도 바이크를 볼 수 있으면 좋겠다, 정원은 바깥의 시선을 신경 쓰지 않는 위치였으면 좋겠다는 무리한 부탁을 했지요."

설계사는 그 바람을 받아들여 몇 가지 방 배치를 제안했는데, 그중에서 '도넛 플랜'이 가장 흥미를 끌었다. 집 한가운데를 ㅁ자 형태의 정원으로 만든 대담한 계획이었는데, 부부는 "'지금까지 본 적 없는 집이 만들어질 것 같아!'라는 생각에 가슴이 두근거리더군요. 우리 부부의 바람을 이뤘다는 것에도 감동받았습니다"라고 당시를 회상했다.

집이 완성되고 살기 시작한 지 1년. 집 안 어디에 있든 밝고 통풍이 잘되며 언제라도 푸르른 자연을 느낄 수 있는 중정의 효과에 크게 만족하고 있다. 지붕이 없는 중정에는 하늘을 향해 자란 쇠물푸레나무가 아름다운 그림자를 드리운다. "집 안에 바깥이 있는, 조금은 신기한 감각이 마음에 들어요."

바이크 차고는 현관 옆에 만들었다. 실내 쪽의 벽 일부에 픽스창을 설치해 L·D·K에서도 바이크가 눈에 들어오도록 했다. "일요일 낮에는 대체로 저와 아이들은 다다미 바닥에서 낮잠을 자고, 남편은 소파에서 커피를 마시면서 바이크를 바라본답니다. 가족에게 최고의 시간이 흐르는 정말 사랑스러운 집이에요."

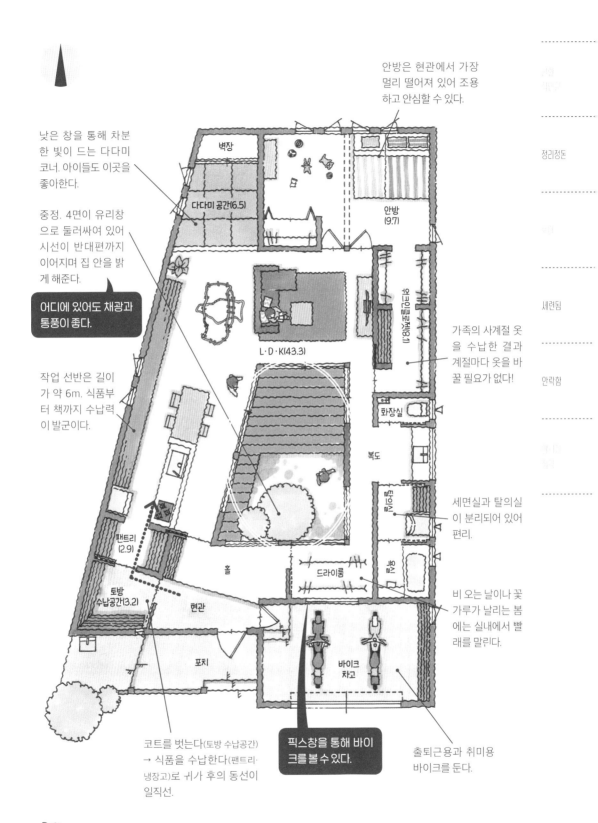

안방은 현관에서 가장 멀리 떨어져 있어 조용하고 안심할 수 있다.

낮은 창을 통해 차분한 빛이 드는 다다미 코너. 아이들도 이곳을 좋아한다.

중정. 4면이 유리창으로 둘러싸여 있어 시선이 반대편까지 이어지며 집 안을 밝게 해준다.

어디에 있어도 채광과 통풍이 좋다.

작업 선반은 길이가 약 6m. 식품부터 책까지 수납력이 발군이다.

가족의 사계절 옷을 수납한 결과 계절마다 옷을 바꿀 필요가 없다!

세면실과 탈의실이 분리되어 있어 편리.

비 오는 날이나 꽃가루가 날리는 봄에는 실내에서 빨래를 말리다.

코트를 벗는다(토방 수납공간) → 식품을 수납한다(팬트리·냉장고)로 귀가 후의 동선이 일직선.

픽스창을 통해 바이크를 볼 수 있다.

출퇴근용과 취미용 바이크를 둔다.

벽장

다다미 공간(6.5)

안방
(9.7)

워크인클로젯(8.1)

L·D·K(43.3)

화장실

복도

팬트리
(2.9)

세면실

홀

세탁기

토방
수납공간(3.2)

현관

드라이룸

포치

바이크
차고

Data
부부 + 아이 1명(2세)
바닥 면적 … 146.6m²

방문하는 모두를 두근거리게 만드는
큰 창이 있는 현관

 홈 파티를 좋아하는 안노. "또 오고 싶네요"라는 말을 들을 수 있는 멋진 집을 짓는 것이 꿈이었다. "대출 문제로 토지는 이미 매입한 상태였습니다. 길쭉한 형태의 땅인데, 오는 사람이 즐거워할 수 있는 임팩트가 강한 장치가 있을지 설계사와 의논했지요."

 설계사는 현관을 들어서면 정면에 중정이 보이는 방 배치를 제안했다. 방문한 사람은 눈앞에 펼쳐지는 정원의 경치에 깜짝 놀라고, 그 너머로 보이는 방의 모습에 '과연 어떤 집일까?'라며 기대감을 부풀린다. 복도를 지나면 빛이 넘치는 L·D·K에 나오며, 다이닝룸에는 방금 만든 요리들이 놓여 있어서 "고급 음식점에 온 것 같아!"라고 칭찬을 받는다. 안노가 꿈꿨던 그런 집이 완성된 것이다.

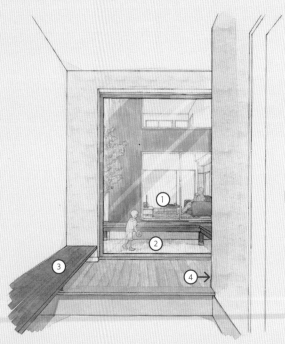

🎥 "이 현관 덕분에 사람들을 부르는 일이
　　즐거워졌습니다."

① 중정의 건너편은 거실
② 거대한 픽스창. 나뭇잎이 살랑거리는 경
　치가 유리창에 가득 펼쳐진다
③ 신발을 벗거나 짐을 놓을 때 편리한 벤치
④ 정원의 주위를 따라 도는 복도가 기대감
　을 높인다

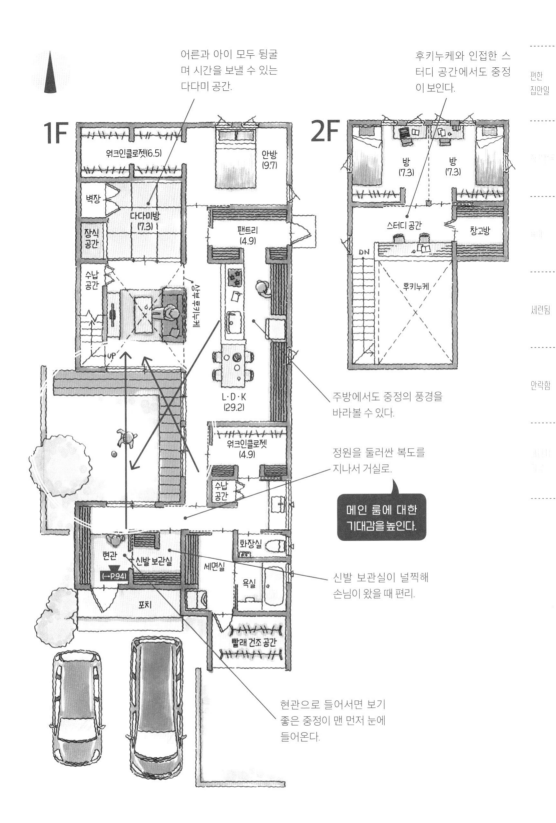

어른과 아이 모두 뒹굴
며 시간을 보낼 수 있는
다다미 공간.

후키누케와 인접한 스
터디 공간에서도 중정
이 보인다.

1F

위크인클로젯(6.5)

안방
(9.7)

벽장

다다미방
(7.3)

팬트리
(4.9)

장식
공간

수납
공간

L·D·K
(29.2)

위크인클로젯
(4.9)

수납
공간

현관
(→P.94)

신발 보관실

세면실

화장실

욕실

포치

빨래 건조 공간

2F

방
(7.3)

방
(7.3)

스터디 공간

창고방

DN

후키누케

주방에서도 중정의 풍경을
바라볼 수 있다.

정원을 둘러싼 복도를
지나서 거실로.

메인 룸에 대한
기대감을 높인다.

신발 보관실이 널찍해
손님이 왔을 때 편리.

현관으로 들어서면 보기
좋은 중정이 맨 먼저 눈에
들어온다.

편한
집안일

세련됨

안락함

Data
부부 + 아이 2명(5세·7세)
바닥 면적 … 1F : 99.4m² | 2F : 28.2m²

로드바이크를 즐겁게 손질할 수 있는
약 6.5m²의 넓은 현관

로드바이크가 취미라는 사에키. 로드바이크를 손질하는 것도 좋아하지만 지금까지는 손질할 장소가 거실밖에 없어서 가족에게 미안한 마음이 있었다고 한다. 한편 아내의 희망은 넓고 햇볕이 잘 드는 L·D·K. 두 사람의 꿈을 실현하기 위해 생각해낸 아이디어가 약 6.5m²의 넓은 현관이다. "전에 살던 집보다 2배 가까이 넓습니다. 자전거방을 별도로 만들 수는 없었지만, 충분히 만족합니다." 토방 수납공간에는 신발이나 우산 등을 수납한다. "자전거를 손질할 때 걸리적거리는 물건이 없어서 기분이 좋습니다."

거실은 정원과 붙어 있어 항상 밝으며, 통풍이 잘되어 집 전체가 쾌적하다. 아내도 "사람들을 초대하고 싶어지는 집이 완성되었어요"라고 만족하고 있다.

■ "마음 편히 로드바이크를 손보고 있습니다."

① 2.4m²의 토방 수납공간. 신발은 물론이고 공구류도 이곳에

② 두 방향으로 작은 창을 냄으로써 통풍이 잘되는 공간으로

③ 로드바이크는 벽에 붙인 전용 훅에 걸어서 수납

④ 흠집이 덜 나고 청소가 편한 토방. 부담 없이 공구를 다룰 수 있다

⑤ 현관문은 목재로 만들어 차고 같은 분위기를

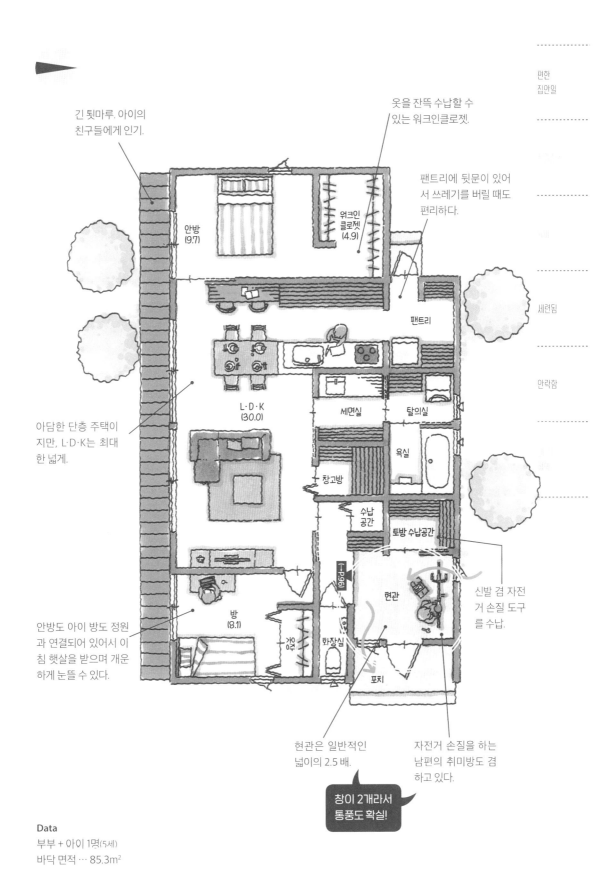

긴 툇마루. 아이의
친구들에게 인기.

옷을 잔뜩 수납할 수
있는 워크인클로젯.

팬트리에 뒷문이 있어
서 쓰레기를 버릴 때도
편리하다.

안방
(9.7)

워크인
클로젯
(4.9)

팬트리

아담한 단층 주택이
지만, L·D·K는 최대
한 넓게.

L·D·K
(30.0)

세면실

탈의실

욕실

창고방

수납
공간

토방 수납공간

안방도 아이 방도 정원
과 연결되어 있어서 이
침 햇살을 받으며 개운
하게 눈뜰 수 있다.

방
(8.1)

수납

화장실

→P96

현관

신발 겸 자전
거 손질 도구
를 수납.

포치

현관은 일반적인
넓이의 2.5 배.

자전거 손질을 하는
남편의 취미방도 겸
하고 있다.

**창이 2개라서
통풍도 확실!**

Data
부부 + 아이 1명(5세)
바닥 면적 … 85.3m²

지저분해져도 되는 놀이터 겸
에너지 절약으로 이어지는 현관 토방

　아이가 한창 장난을 많이 치는 시기에 접어든 우에무라. "집 안에서도 신나게 놀고 싶어 해서 어딘가 '지저분해져도 되는 장소'를 만들었으면 좋겠다고 생각했어요."

　그래서 약 7.3m²의 널찍한 토방 현관을 계획했다. L·D·K와의 단차도 낮아서 거의 하나로 이어지는 느낌이다. "집안일을 하고 있을 때도 지켜볼 수 있어 아이들 다칠 일도 없고 청소도 간단해요. 이곳에서 소프트 공을 가지고 놀거나 소형 텐트를 치고 놀기도 하지요."

　현관인데 칸을 막지 않은 만큼 L·D·K가 넓게 느껴지는 것도 장점. "여름이면 토방 쪽에서 시원한 바람이 들어와요. 더운 바깥에 있을 때면 빨리 집으로 오고 싶어진답니다."

▶ L·D·K와 이어지는 현관 토방

① 개방형의 밝은 현관. L·D·K와 칸막이가 없이 연결되어 있다
② 쿨하고 모던한 모르타르 바닥. 지저분해져도 청소하기 쉽다
③ 단차가 있어 걸터앉기 좋아 사람들이 모이기 좋은 장소로

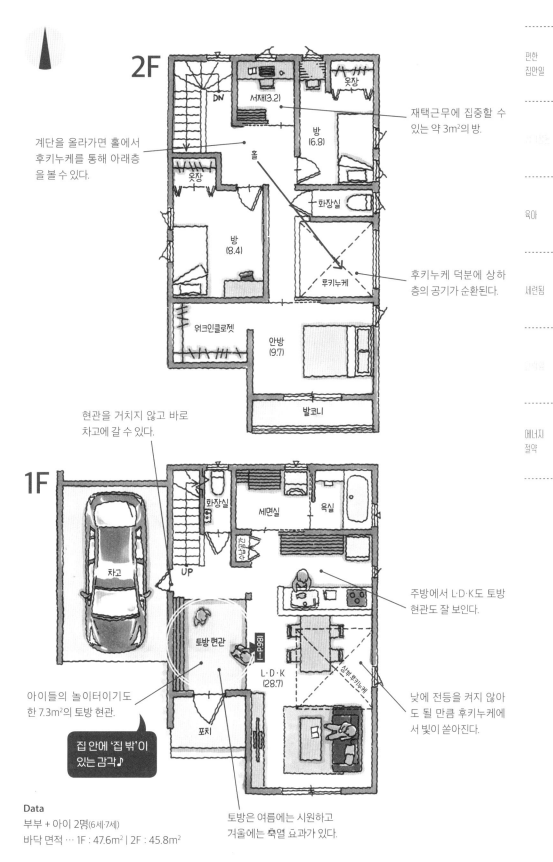

2F

DN

서재(3.2)

옷장

방
(6.8)

계단을 올라가면 홀에서
후키누케를 통해 아래층
을 볼 수 있다.

재택근무에 집중할 수
있는 약 3m²의 방.

홀

옷장

화장실

방
(8.4)

후키누케

후키누케 덕분에 상하
층의 공기가 순환된다.

워크인클로젯

안방
(9.7)

발코니

1F

현관을 거치지 않고 바로
차고에 갈 수 있다.

화장실

세면실

욕실

차고

UP

토방 현관

포치

주방에서 L·D·K도 토방
현관도 잘 보인다.

L·D·K
(28.7)

아이들의 놀이터이기도
한 7.3m²의 토방 현관.

**집 안에 '집 밖'이
있는 감각♪**

낮에 전등을 켜지 않아
도 될 만큼 후키누케에
서 빛이 쏟아진다.

Data
부부 + 아이 2명(6세·7세)
바닥 면적 ⋯ 1F : 47.6m² | 2F : 45.8m²

토방은 여름에는 시원하고
겨울에는 **축열** 효과가 있다.

사생활을 철저히 보호해주는 덱과 현관

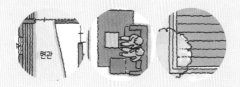

대기업에 다니며 바쁜 하루하루를 보내고 있는 사카모토. 출퇴근과 통학의 편의성을 고려해 사람의 왕래가 잦은 역 근처의 도로변 토지를 선택했다. 삼면이 주택으로 둘러싸여 있지만, 설계 사무소를 찾아가 "그래도 사생활을 보호할 수 있는 집이면 좋겠습니다"라고 의뢰했다.

맨 먼저 거실을 어떻게 만들지 궁리했다. 사카모토는 '안심하고 편히 쉴 수 있는 곳, 밖에서는 보이지 않지만, 개방감이 있는 장소'를 이상적인 이미지로 떠올렸다. 이야기를 듣고 설계 사무소는 덱이 딸린 거실을 제안했다. 덱과 L·D·K는 단차 없이 하나의 방처럼 평평하게 이어지고, 덱은 목제 울타리로 둘러싸여 도로로부터의 시선이 차단된다. "거실 한구석에 사생활을 보호받는 정원이 있는 느낌이에요. 소파에 앉아서 하늘을 올려다보는, 전에는 상상하지 못했던 사치스러운 시간을 보내고 있지요."

사생활 보호를 위해 신경을 쓴 또 다른 장소는 현관. '아이들 친구의 엄마나 음식을 나눠주러 이웃이 오는 것은 기쁜 일이지만, 매번 거실을 노출하는 건 좀…'이라는 본심에서 현관을 예전 집보다 넓게 만들고 벤치를 놓았다. "'잠깐의 수다'는 이 벤치에 앉아서 해결해요. 거실은 가족만의 공간이 되었지요. 진심으로 마음 놓고 쉴 수 있는 집이 되었답니다."

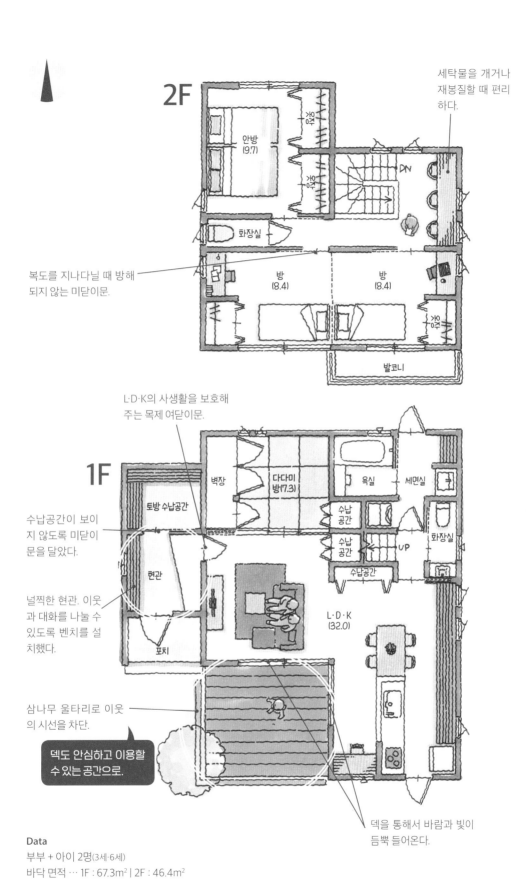

2F

세탁물을 개거나 재봉질할 때 편리하다.

안방 (9.7)

화장실

복도를 지나다닐 때 방해 되지 않는 미닫이문.

방 (8.4)

방 (8.4)

DN

발코니

L·D·K의 사생활을 보호해 주는 목제 여닫이문.

1F

벽장

다다미 방(7.3)

욕실

세면실

토방 수납공간

수납공간

수납공간

화장실

UP

수납공간이 보이지 않도록 미닫이문을 달았다.

현관

L·D·K (32.0)

넓찍한 현관. 이웃과 대화를 나눌 수 있도록 벤치를 설치했다.

포치

삼나무 울타리로 이웃의 시선을 차단.

덱도 안심하고 이용할 수 있는 공간으로.

덱을 통해서 바람과 빛이 듬뿍 들어온다.

세련됨

안락함

에너지 절약

Data
부부 + 아이 2명(3세·6세)
바닥 면적 ⋯ 1F : 67.3m² | 2F : 46.4m²

자랑하고 싶어지는 **현관 SNAP**

외출 준비가 편하게 벤치를 부착

현관에 벤치가 있기만 해도 신발을 신고 벗거나 소지품을 확인하는 등의 외출 준비가 훨씬 편해진다. 아이나 어른이 있는 집에서는 특히 편리하다.

플로어 전체에 자연광이 퍼진다.

개방적이고 넓은 토방 현관

L·D·K와 계단 사이에 만든 넓고 개방적인 토방 현관. 1층을 큰 원룸처럼 만듦으로써 집 전체가 밝고 통풍이 잘된다.

안부 인사를 눈앞에서

현관을 들어서자마자 눈앞에 L·D·K가 보이는 창. "다녀왔습니다" "다녀오셨어요?"의 거리가 가까워져 더욱 평온함과 안심감이 느껴지는 집이 되었다.

150켤레 이상 수납 가능!

신발을 좋아하는 가족의 신발 보관실

4인 가족 모두 신발을 좋아해서 새집의 첫 조건이 '장식하듯 수납할 수 있는 신발 보관실'이었다고 한다. 선반도 벽도 검은색으로 통일해 멋스러운 느낌을 주는 자랑스러운 현관이다.

진회색 벽이 멋스럽다.

로드바이크를 벽에 걸어서 수납

부품까지 까다롭게 선택한 자전거를 현관 벽에 걸어 전시 겸 수납한다. 이곳에서 자전거 손질도 할 수 있게 널찍한 시멘트 바닥에 벤치도 설치했다.

커튼으로 시선을 살짝 차단.

아치형 입구의 작은 방

코트·가방·캠핑 도구 등을 수납할 수 있는 약 3m²의 작은 방을 만들었다. 아치형 입구가 공간의 강조점이 되어준다.

틀어박혀서 시간을 잊고
악기를 연주할 수 있는 꿈의 '방음실'

남편 히로시는 악기가 취미로, 오랫동안 해온 기타뿐 아니라 최근 들어 트럼펫도 시작하면서 밤이든 낮이든 연습할 수 있는 방을 원했다고 한다. 아내 히로코 또한 남편의 생각에 찬성했다. "저도 학창 시절에 배웠던 플루트를 다시 연주하고 싶은 꿈이 있었거든요." 그래서 문과 벽 등 설비에 추가 예산이 들더라도 방음실이 있는 내 집을 계획하게 되었다.

이 부부는 방음실 위치를 두고 가장 많은 대화를 나누었다. 별채처럼 독립된 공간으로 만들지 전망이 좋은 2층에 만들지 등…. 여러 가지를 고민한 결과 거실 옆에 만들기로 했다. "언젠가 아이들과 세션을 하는 것이 꿈입니다. 거실 근처에 음악실이 있으면 아이들이 음악을 친근하게 느끼며 살게 되지 않을까 싶네요." 다양한 악기에 대응할 수 있도록 콘센트는 두 곳에 설치했고, 바닥은 악기의 손상을 막고 지저분해져도 닦기 쉬운 쿠션 플로어(Cushion Floor)로 만드는 등 방음 이외의 궁리도 철저히 했다.

신경을 쓴 또 다른 부분은 주방. 바닥을 한 단 낮춤으로써 다이닝룸이나 거실에 있는 가족과 눈높이를 맞췄다. "얼굴이 보이면 대화를 나누기 쉬워지지요. 커뮤니케이션이 활발해지는 방 배치에 감사하고 있습니다."

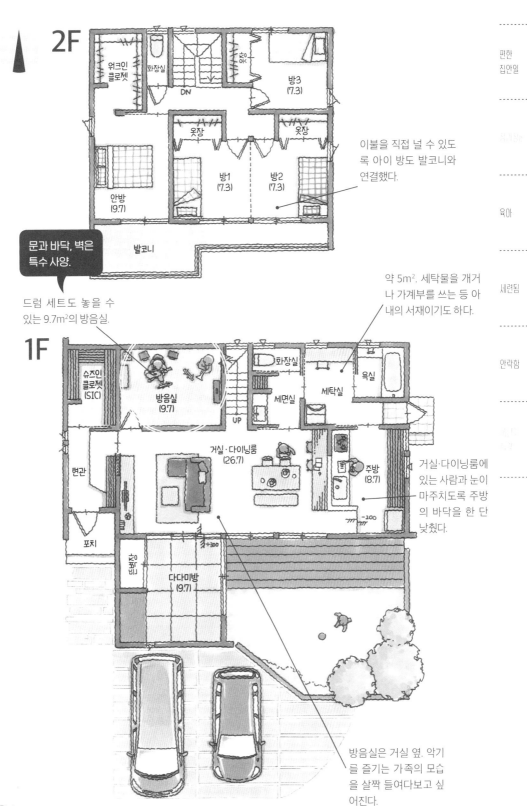

2F

워크인
클로젯

화장실

DN

방3
(7.3)

옷장

옷장

방1
(7.3)

방2
(7.3)

안방
(9.7)

발코니

이불을 직접 널 수 있도
록 아이 방도 발코니와
연결했다.

문과 바닥, 벽은
특수 사양.

드럼 세트도 놓을 수
있는 9.7m²의 방음실.

약 5m². 세탁물을 개거
나 가계부를 쓰는 등 아
내의 서재이기도 하다.

1F

슈즈인
클로젯
(SIC)

방음실
(9.7)

화장실

세면실

UP

세탁실

욕실

현관

거실·다이닝룸
(26.7)

주방
(8.7)

거실·다이닝룸에
있는 사람과 눈이
마주치도록 주방
의 바닥을 한 단
낮췄다.

포치

+300

다다미방
(9.7)

방음실은 거실 옆. 악기
를 즐기는 가족의 모습
을 살짝 들여다보고 싶
어진다.

Data
부부 + 아이 3명(0세·4세·6세)
바닥 면적 … 1F : 86.8m² | 2F : 52.2m²

좋아하는 커피를
언젠가 직업으로

　취미에서 발전해 커피 원두 판매를 시작한 다니카와. '언젠가는 카페를 열고 싶다'라는 생각에서 집을 짓기로 했다.

　1층은 토방이 있는 L·D·K. "손님이 신발을 신고 들어올 수 있는 공간으로 만들고 싶었습니다." 아내의 키친 카운터에는 녹색 타일을 붙여 차분하면서도 개성적인 분위기를 연출했다.

　2층은 개인 공간. 계단을 올라가면 바로 거실이 나오며, 남북에 아이의 방과 침실을 배치했다. 아이 방은 북측 사선 제한이 있어 경사 천장이다. 북측 사선 제한은 북쪽에 있는 이웃의 일조권을 확보하기 위해 건축물의 높이를 제한하는 규칙을 말한다. 멀리서도 눈에 띄는 삼각 지붕은 다니카와네 집의 매력 포인트이기도 하다. "언젠가 '삼각 지붕 카페'로서 이웃의 사랑을 받는 존재가 되었으면 합니다."

■ "커피가 있는 생활을 만끽하고 있습니다."

① 가로수 길과 인접해 있어 큰 창을 통해 바라보는 경치가 훌륭한 거실
② 표준보다 폭이 넓은 카운터. 다양한 종류의 커피 원두와 커피 밀을 놓아두고 있다
③ 녹색 무광 타일을 선택했는데 약간의 색 편차가 멋스럽다
④ 뒷면 벽에 미닫이문을 설치해 수납공간으로. 생활감을 확실히 숨길 수 있다
⑤ 벽지는 회색. 플로어 전체를 시크한 분위기로

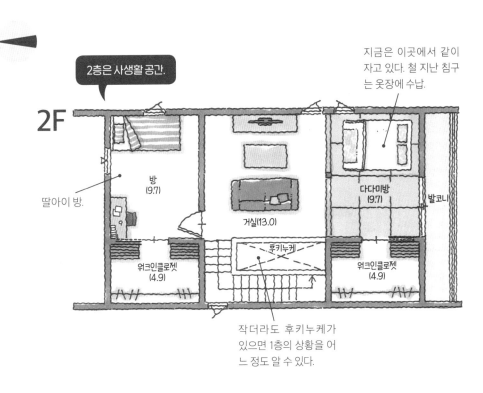

2F

2층은 사생활 공간.

딸아이 방.

방
(9.7)

거실(13.0)

지금은 이곳에서 같이 자고 있다. 철 지난 침구는 옷장에 수납.

다다미방
(9.7)

발코니

워크인클로젯
(4.9)

후키누케

워크인클로젯
(4.9)

작더라도 후키누케가 있으면 1층의 상황을 어느 정도 알 수 있다.

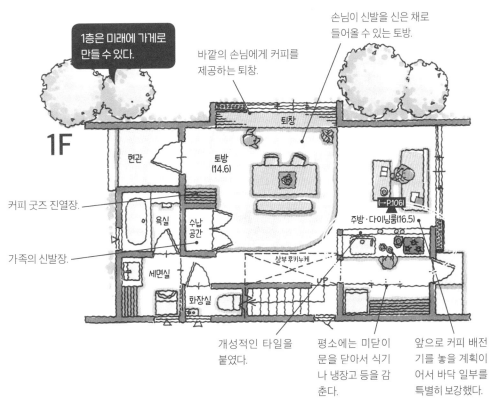

1F

1층은 미래에 가게로 만들 수 있다.

바깥의 손님에게 커피를 제공하는 퇴창.

손님이 신발을 신은 채로 들어올 수 있는 토방.

퇴창

현관

토방
(14.6)

주방·다이닝룸(16.5)
→ P.106

커피 굿즈 진열장.

욕실

수납
공간

가족의 신발장.

세면실

화장실

상부 후키누케

개성적인 타일을 붙였다.

평소에는 미닫이 문을 닫아서 식기나 냉장고 등을 감춘다.

앞으로 커피 배전기를 놓을 계획이어서 바닥 일부를 특별히 보강했다.

Data
부부 + 아이 1명(4세)
바닥 면적 … 1F : 48.0m² | 2F : 47.2m²

107

꾸준히 모은
미술품·도자기와 함께

현대 미술 작품을 수집하는 것이 취미인 쓰쓰이 부부에게는 '전용 공간을 만들 뿐 아니라 생활 공간의 곳곳에도 장식하고 싶다'라는 꿈이 있었다.

첫 번째 희망인 갤러리는 1층 L·D·K 옆에 마련했다. 바닥을 한 단 낮추고 가동식 기둥으로 적당히 공간을 나눈 반독립적 공간으로, 현관에서도 출입이 가능하다. "친구를 초대해서 먼저 이 방을 지나가게 하는 것이 즐거움 중 하나랍니다."

계단 밑과 주방 뒷면에는 개방형 선반을 놓고 오브제와 빈티지 식기를 진열해 생활 속에 녹아들게 했다. "설계사가 작품의 크기와 분위기를 파악할 수 있도록 미리 보여줬습니다. 그 결과 우리 부부가 그렸던 이미지대로 인테리어를 완성할 수 있었지요."

■► 수집한 미술품을 즐기기 위해
　　정성을 쏟은 갤러리

① 가동식 기둥. 거는 작품에 맞춰서 간격을 조정할 수 있다
② 위치와 방향을 바꿀 수 있는 스포트라이트
③ 작품을 감상할 때 눈이 부시지 않도록 창을 허리 높이로 억제
④ 현관에서 신발을 신고도 들어올 수 있도록 강도가 높은 바닥재를 선택
⑤ 한 단을 높인 플로어가 가족의 L·D·K. 미닫이문으로 공간을 나눌 수 있다

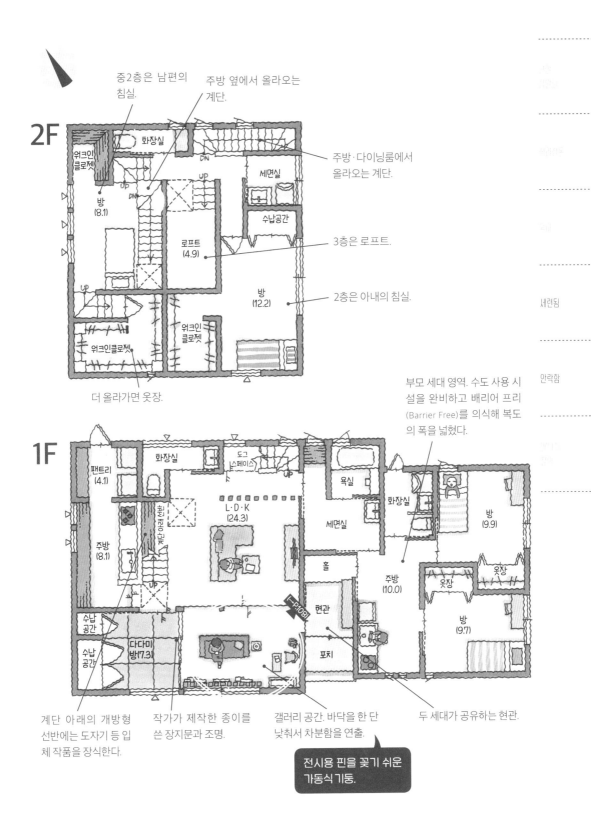

2F

중2층은 남편의 침실.

주방 옆에서 올라오는 계단.

위크인 클로젯

화장실

방
(8.1)

세면실

수납공간

로프트
(4.9)

주방·다이닝룸에서 올라오는 계단.

3층은 로프트.

방
(12.2)

2층은 아내의 침실.

워크인클로젯

워크인 클로젯

더 올라가면 옷장.

부모 세대 영역. 수도 사용 시설을 완비하고 배리어 프리(Barrier Free)를 의식해 복도의 폭을 넓혔다.

1F

팬트리
(4.1)

화장실

도그 스페이스

욕실

화장실

방
(9.9)

주방
(8.1)

L·D·K
(24.3)

세면실

주방
(10.0)

옷장

옷장

홀

방
(9.7)

수납공간

수납공간

다다미방(7.3)

→P108

현관

포치

계단 아래의 개방형 선반에는 도자기 등 입체 작품을 장식한다.

작가가 제작한 종이를 쓴 장지문과 조명.

갤러리 공간. 바닥을 한 단 낮춰서 차분함을 연출.

두 세대가 공유하는 현관.

전시용 핀을 꽂기 쉬운 가동식 기둥.

세련됨

안락함

Data
부모 + 부부
바닥 면적 … 1F : 116.1m² | 2F : 61.7m²

아내의 꿈!
댄스 스튜디오 & 넓은 거실

밸리댄스 강사인 와다는 자신의 교실을 여는 것이 꿈이었다. "교실을 여는 데 필요한 스튜디오와 주차장을 확보하면서도 가족 영역은 분리하고 싶었어요. 특히 편하게 쉴 수 있는 거실은 양보할 수 없었지요."

스튜디오는 1층의 3분의 1 정도를 사용했다. 이를 위해 일반적으로 1층에 배치하는 욕실과 세면실을 2층에 설계하고, 거실 + 다다미방으로 공간을 넓은 원룸처럼 만들었다. "시야가 정원까지 확대되니 실제보다 넓고 개방적으로 느껴져요."

욕실과 세면실이 2층에 있는 것도 장점이 많아서 크게 만족하고 있다. "욕조와 침실이 가깝고, 빨래하는 즉시 바로 널 수 있어서 집안일이 편해졌어요. 남편은 '입욕 중에 밤하늘을 볼 수 있다는 게 최고'라면서 매일 감동하고 있답니다."

2F

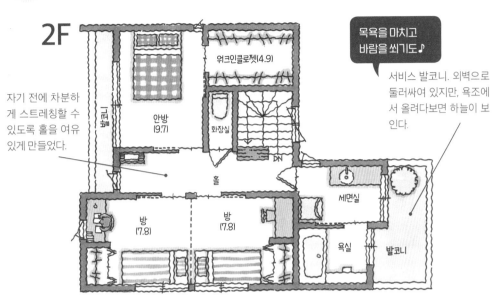

자기 전에 차분하게 스트레칭할 수 있도록 홀을 여유 있게 만들었다.

워크인클로젯(4.9)

안방
(9.7)

화장실

홀

방
(7.8)

방
(7.8)

세면실

욕실

발코니

목욕을 마치고 바람을 쐬기도♪

서비스 발코니. 외벽으로 둘러싸여 있지만, 욕조에서 올려다보면 하늘이 보인다.

1F

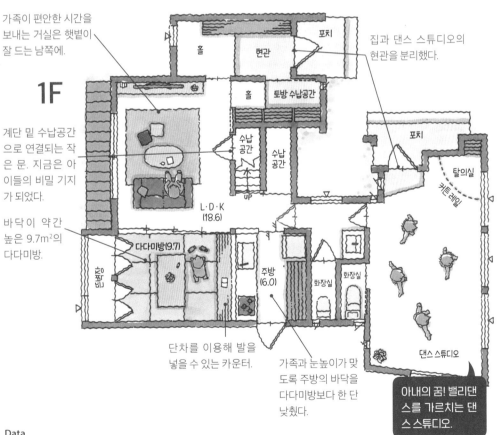

가족이 편안한 시간을 보내는 거실은 햇볕이 잘 드는 남쪽에.

집과 댄스 스튜디오의 현관을 분리했다.

포치

홀

현관

홀

토방 수납공간

수납공간

수납공간

포치

탈의실
커튼 레일

계단 밑 수납공간으로 연결되는 작은 문. 지금은 아이들의 비밀 기지가 되었다.

L·D·K
(18.6)

바닥이 약간 높은 9.7m²의 다다미방.

다다미방(9.7)

주방
(6.0)

화장실

화장실

단차를 이용해 발을 넣을 수 있는 카운터.

가족과 눈높이가 맞도록 주방의 바닥을 다다미방보다 한 단 낮췄다.

댄스 스튜디오

아내의 꿈! 밸리댄스를 가르치는 댄스 스튜디오.

Data
부부 + 아이 2명(6세·8세)
바닥 면적 … 1F : 89.4m² | 2F : 53.0m²

바이크 7대, 장작 난로와
한가로운 시골 생활을 만끽한다

전원 풍경이 아름다운 교외에서 느긋하게 사는 것을 꿈꿔왔던 노가미 부부. "집을 짓는다면 시골에 짓겠다고 정해놓았었지요. 방 배치는 크게 신경을 쓰지 않았습니다. 전문가가 토지에 맞게 설계해줄 거라고 믿었습니다." 남편 슌스케는 이렇게 말했다. 이륜차 교습 지도원인 슌스케는 취미인 경기용 바이크를 포함해 7대나 되는 바이크를 보유하고 있다. "분명히 그 바이크들을 둘 차고와 작업장은 필수였습니다(웃음)."

그래서 1층 서쪽에 17m²의 차고를 설계했다. 천장에는 들보를 3개 노출시켜 체인을 걸어서 부품을 걸 수 있게 했고, 정밀 부품을 다룰 수 있게 옆에 작은 작업실을 마련했다. "꿈꾸던 완벽한 공간입니다. 몇 시간이라도 틀어박혀 있을 수 있지요."

1층에는 차고 외에 고타츠(일본식 난방 기구)를 설치한 거실과 다이닝룸·주방·욕실·세면실이 있다. 거실에는 장작 난로를 놓아서 후키누케를 통해 2층까지 온기가 순환된다. "한가로운 풍경과 장작 난로의 불꽃을 보고 있으면 마음이 평온해집니다. 난방 효과도 발군이어서 바깥에 눈이 쌓일 만큼 내렸는데도 모를 정도이지요."

장작을 패거나 피자를 굽는 등 장작 난로를 통해 가족의 즐거움도 늘어났다고 한다. "집에 있는 시간이 가장 행복하고 풍요롭게 느껴지는, 그런 집이 완성되었습니다."

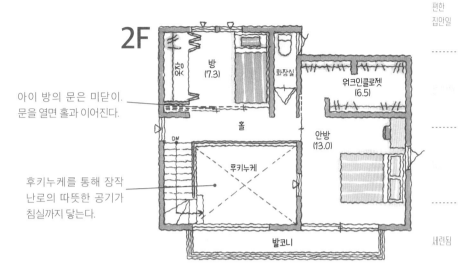

2F

아이 방의 문은 미닫이.
문을 열면 홀과 이어진다.

후키누케를 통해 장작
난로의 따뜻한 공기가
침실까지 닿는다.

방
(7.3)

수납

화장실

워크인클로젯
(6.5)

홀

안방
(13.0)

DN

후키누케

발코니

**일과 취미를 양립시킨
꿈의 공간.**

바이크 7대를 놓을 수 있는 17m²의
차고. 들보를 노출시켜 작업용 체인
을 걸었다.

바이크의 정밀
부품 등을 보관.

세탁물은 북쪽에. 강한
햇볕을 피함으로써 색
바램을 방지한다.

1F

작업실

욕실

세면실

빨래 건조 공간

수납
공간

수납
공간

바이크 차고

홀

상부 후키누케

수납
공간

현관

L·D·K
(30.0)

포치

VP

거실 바닥을 한 단 낮춰
설치한 고타츠.

한겨울에도 티셔츠 차림
으로 지낼 수 있을 만큼
따뜻하다. 불꽃을 바라보
면 마음이 평온해진다.

**그토록 바라던
장작 난로.**

Data
부부 + 아이 1명(10세)
바닥 면적 … 1F : 55.5m² | 2F : 38.9m²

자동차 마니아를 위해
차고가 주인공!

　오래된 미니 쿠퍼를 소유하고 있는 하야시. "아버지에게 물려받은 차입니다. 손이 많이 가는 만큼 자식처럼 느껴진다고나 할까요?"라며 아끼는 자동차를 즐기기 위한 집을 지었다. 주인공은 물론 차고. 현관으로 들어서면 눈앞의 유리벽 너머로 차고가 펼쳐진다. "분명히 방금까지 차에 타고 있었는데, 시야에 들어오는 순간 시선이 고정됩니다. 2층의 거실로 올라가면서도 계속 볼 수 있어 흥분되지요."

　1층의 남은 공간은 침실이며, 그 밖의 생활 공간은 2층에 있다. "차고를 크게 만든 만큼 좁은 느낌이 들지 않을까 걱정했는데, 2층 전체가 밝고 쾌적합니다. 오랜 꿈을 우선해 과감하게 방 배치하기를 잘했다는 생각이 듭니다."

■ 아끼는 자동차에 맞춰 외관도 세련되게

① 경년 변화(經年變化)를 즐길 수 있도록 현관문에는 참나무, 어프로치에는 침목을 사용
② 외벽은 검은색 갈바리움 강판을 단이음 방식으로 붙였다
③ 목제 셔터. 비바람에 손상될 수 있지만 '그것도 멋'이라는 생각에 선택
④ 약 30년 된 미니 쿠퍼가 이 집의 주인공!
⑤ 차고 내부의 벽은 차에 맞춰 모스그린으로 도장

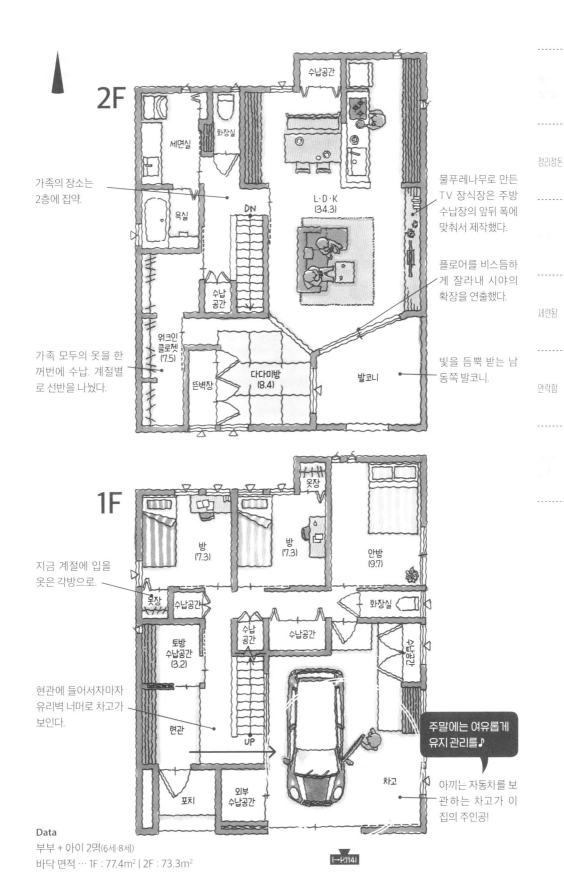

2F

수납공간

세면실

화장실

가족의 장소는
2층에 집약.

욕실

DN

L·D·K
(34.3)

물푸레나무로 만든
TV 장식장은 주방
수납장의 앞뒤 폭에
맞춰서 제작했다.

플로어를 비스듬하
게 잘라내 시야의
확장을 연출했다.

수납
공간

가족 모두의 옷을 한
꺼번에 수납. 계절별
로 선반을 나눴다.

워크인
클로젯
(7.5)

뜬벽장

다다미방
(8.4)

발코니

빛을 듬뿍 받는 남
동쪽 발코니.

1F

옷장

방
(7.3)

방
(7.3)

안방
(9.7)

지금 계절에 입을
옷은 각방으로.

옷장

수납공간

화장실

토방
수납공간
(3.2)

수납
공간

수납공간

수납
공간

현관에 들어서자마자
유리벽 너머로 차고가
보인다.

현관

UP

**주말에는 여유롭게
유지 관리를♪**

포치

외부
수납공간

차고

아끼는 자동차를 보
관하는 차고가 이
집의 주인공!

Data
부부 + 아이 2명(6세·8세)
바닥 면적 … 1F : 77.4m² | 2F : 73.3m²

정리정돈

세련됨

안락함

자랑하고 싶어지는 **아이 방 SNAP**

복도와 거실도 놀이터로

현관의 복도를 클라이밍 월 (Climbing Wall)로 사용해 보기에도 활기차다. 거실 천장에는 수평 사다리를 설치했다. 방에서 빨래를 말릴 때 쓸 수 있다.

홀드는 자유롭게 늘릴 수 있어요!

칸막이를 없애서 놀이 공간을 최대한으로

두 아들의 방은 칸막이가 없는 약 10m²의 2층 공간. 침대를 로프트로 올려서 놀이 공간을 최대한 확보했다.

창문도 2개!

나중에는 2개의 방으로 분리

지금은 자매가 방을 같이 쓰고 있지만, 나중에 분리할 것을 대비해 옷장·책상·선반을 좌우에 각각 설치했다. 중앙의 기둥 부분에 벽을 세우면 최소한의 리폼으로 가능.

컬러풀한 벽과
사다리가 자랑거리

벽과 침대 사다리 색은 아이들이 직접 골랐다. 아이들이 그린 그림과 사진도 붙여서 애착이 가는 방으로 만들었다.

도감도 장난감도 들어가는 깊이 30cm의 선반.

신비한 색의 벽도 좋아해요♪

약간은 어른스러운 비밀 기지

사선 제한의 영향으로 다락방 같은 분위기가 나는 2층의 아이 방. '비밀 장소'라는 느낌이 마음에 들었는지 밤에도 이 방에서 혼자 자게 되었다.

기성품 가구로는
불가능한 수납력!

약 7.3m²의 넓지 않은 방이기에 벽도 수납공간으로 적절히 이용. 천장까지 닿도록 선반을 제작해 공간 낭비를 최소화했다.

동선과 물 쓰는 시설을 분리해
할머니도 자신의 생활 패턴으로

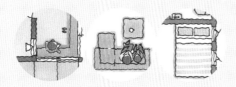

어머니의 나이를 고려해 2세대 주택을 염두에 두었다는 다요. "같이 살면 어떻겠냐고 하니 기뻐하기는 했지만, 아직 당신의 일은 스스로 할 수 있고 생활 리듬이 다르므로 '서로 피해를 주지 않게 수도 시설을 따로 마련해줄 수 있을까?'라는 것이 어머니의 바람이셨어요."

분명히 육아로 바쁜 다요 가족과는 기상부터 취침까지 생활 타이밍이 전혀 다를 수밖에 없었다. '비용은 더 들겠지만 서로 신경 쓰지 않고 사는 것이 가장 중요하다'라는 생각에서 세면실·화장실·세탁기, 작은 주방을 갖춘 방을 만들었다.

실제로 살기 시작하자 '이렇게 만들기를 잘했다'라는 생각이 든다고 한다. "각자의 생활 공간이 있으니 아침에 일어나서 거울을 쓸 때도, 차를 끓일 때도 마음이 편해요."

적당한 거리감을 유지하면서 살 수 있는 이유는 동선에도 있다. 할머니의 생활 영역과 자식 세대의 생활 영역은 1층 중앙의 복도를 기준으로 나뉘어 있다. 현관에서 각자의 방으로 직행할 수 있으므로 간섭이나 배려가 필요 없다.

저녁 식사는 자식 세대의 거실에서 함께할 때가 많다. 아들(5세)은 "엄마가 일이 많아 늦는 날은 할머니가 만들어주셔요!"라고 말한다. "유치원 도시락용으로 조림을 나눠주기도 하는 등 마치 사이좋은 이웃 같아요. 각자의 패턴으로 살면서 한 지붕 아래에서 안심하며 생활하고 있답니다."

2F

2층은 아이 방만 있으므로
방 배치가 콤팩트하다.

화장실 / 방(7.3) / 옷장 / 방(8.4) / 홀 / 방(7.3) / 발코니

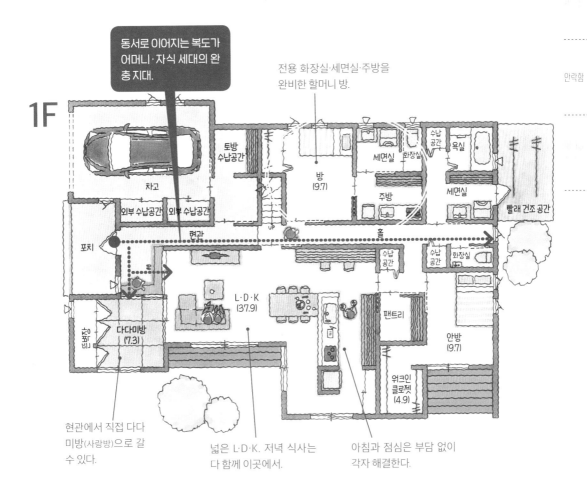

1F

동서로 이어지는 복도가
어머니·자식 세대의 완
충 지대.

전용 화장실·세면실·주방을
완비한 할머니 방.

차고 / 토방 수납공간 / 방(9.7) / 세면실 / 화장실 / 욕실 / 세면실 / 빨래 건조 공간 / 외부 수납공간 / 외부 수납공간 / 주방 / 포치 / 현관 / 수납공간 / 홀 / 수납공간 / 화장실 / 다다미방(7.3) / L·D·K(37.9) / 팬트리 / 안방(9.7) / 워크인 클로젯(4.9)

현관에서 직접 다다
미방(사랑방)으로 갈
수 있다.

넓은 L·D·K. 저녁 식사는
다 함께 이곳에서.

아침과 점심은 부담 없이
각자 해결한다.

Data
조모 + 부부 + 아이 3명(5세·9세·11세)
바닥 면적 … 1F : 130.0m² | 2F : 39.7m²

정원을 사이에 두고 마주 보는, 수프가 식지 않는 2세대 주택

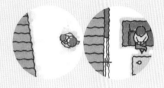

부모님 집과 가까운 아파트에서 살았던 이무라. "아내도 풀타임으로 일하므로 퇴근이 늦어지거나 아이가 열이 나거나 하면 어머니에게 의지하는 일이 잦았습니다. 작은 애가 태어난 뒤로는 그런 상황이 더 늘어 아예 두 집을 합치면 어떨까 싶었지요." 부모님에게 이야기하니 흔쾌히 승낙했다고 한다. 이렇게 해서 정원을 포함해 약 165m²인 부모님 집의 토지에 새집을 짓는 계획이 시작되었다.

공통된 바람은 정원을 남기는 것이었다. "주거 부분이 넓어져도 아이들이 뛰어놀 수 있는 정원은 남기고 싶었습니다. 제가 자란 곳이다 보니 정원이 있으면 예전 모습이 느껴질 것 같기도 했지요."

그래서 나온 아이디어가 부모 세대·자식 세대가 공유하는 정원을 사이에 두고 ㄷ자로 방을 배치하는 것이었다. 부모 세대가 사는 서쪽은 1층, 자식 세대가 사는 동쪽은 2층이며 양쪽 모두 정원 쪽에 툇마루를 설치했다. 정원에는 이웃집의 시선이 닿지 않으므로 언제나 한가로운 시간이 흐른다. "아이가 혼자서 놀고 있더라도 누군가 어른 1명은 지켜보고 있을 수 있고, 언제라도 서로의 목소리가 닿으므로 안심이 됩니다."

외부 현관은 별도로 설치했다. 그러나 일상에서 간단한 음식 등을 전할 때는 현관도 실내도 아닌 정원을 이용한다. "말 그대로 '수프가 식지 않는 거리'지요. 지나친 배려도 간섭도 하지 않는, 딱 적당한 거리감을 유지하면서 살고 있습니다."

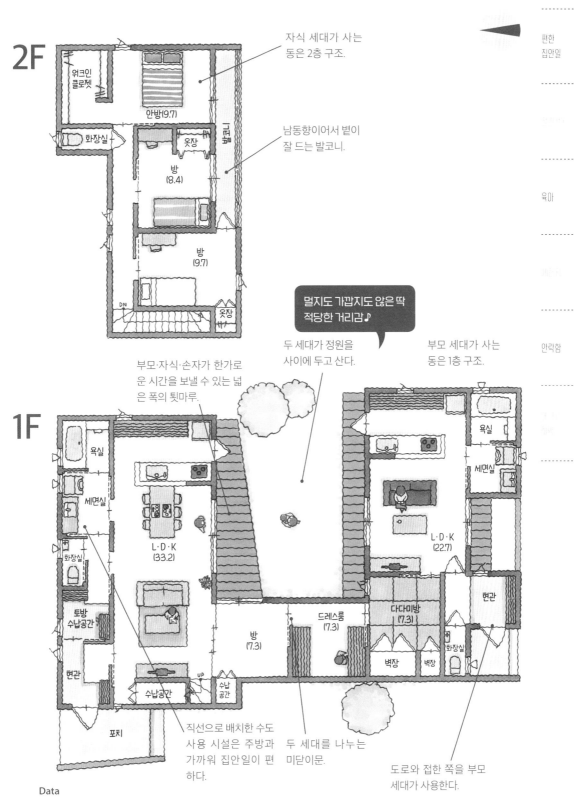

2F

워크인
클로젯

화장실

옷장

안방(9.7)

방
(8.4)

방
(9.7)

옷장

DN

자식 세대가 사는
동은 2층 구조.

남동향이어서 볕이
잘 드는 발코니.

멀지도 가깝지도 않은 딱
적당한 거리감♪

1F

부모·자식·손자가 한가로
운 시간을 보낼 수 있는 넓
은 폭의 툇마루.

두 세대가 정원을
사이에 두고 산다.

부모 세대가 사는
동은 1층 구조.

욕실

세면실

화장실

토방
수납공간

현관

L·D·K
(33.2)

방
(7.3)

수납공간

UP

수납
공간

포치

욕실

세면실

L·D·K
(22.7)

현관

드레스룸
(7.3)

다다미방
(7.3)

벽장

벽장

화장실

직선으로 배치한 수도
사용 시설은 주방과
가까워 집안일이 편
하다.

두 세대를 나누는
미닫이문.

도로와 접한 쪽을 부모
세대가 사용한다.

Data
1세대 : 부부 / 2세대 : 부부 + 아이 2명(2세·5세)
바닥 면적 … 1F : 116.8m² | 2F : 46.4m²

3층짜리 협소주택에 사는 두 세대를 이어주는 개방적인 거실

　역 근처, 차고 있음, 아버지와의 동거가 집짓기의 조건이었다는 이구치. "원하는 입지의 토지는 찾아냈습니다. 다만 예산 사정상 협소하고 모양도 반듯하지 않다는 게 문제였지요. 그래도 필요한 방의 수와 일조량은 확보하고 싶었습니다."

　그래서 쿨한 외관의 3층 건물을 짓는 계획을 세우게 되었다. 1층은 아버지 방, 3층은 자식 세대의 방을 만들고 2층의 L·D·K와 욕실·세면실은 공유하는 구조였다. "서로 적당한 거리감을 유지하며 편리하게 살고 있습니다." 주방에서 발코니까지는 시야가 뚫려 있어 집안일을 하는 도중에 문득 고개를 들면 바깥 풍경에 마음이 치유된다고 한다. "안길이가 긴 거실은 좁게 느껴지지 않아서 좋네요. 여건이 좋지 않았음에도 방 배치가 잘되어 만족스럽습니다."

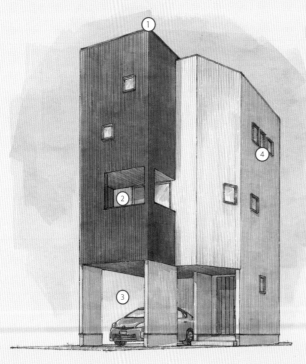

🎥 쿨한 외관과 살기 편한 방 배치를 실현!

① 건축 면적 43m²의 자투리땅. 3층 건물을 지어서 두 세대의 주거 공간을 확보

② 2층은 한 층 전체가 L·D·K. 동향인 발코니에서 햇볕이 잘 들어온다

③ 현관 앞은 차고. 천장에 서양측백나무를 사용해 외관에 악센트를 줬다

④ 멋진 디자인 창(포츠창). 이웃집의 시선을 좁히는 효과가 있다

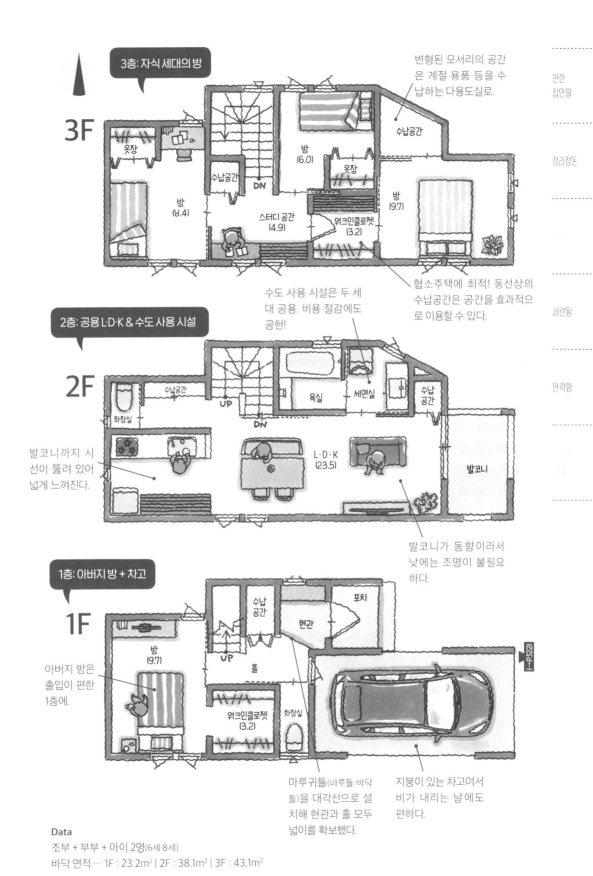

Data
조부 + 부부 + 아이 2명(6세·8세)
바닥 면적 … 1F : 23.2m² | 2F : 38.1m² | 3F : 43.1m²

방 배치 도감

1판 1쇄 인쇄 | 2021년 4월 9일
1판 1쇄 발행 | 2021년 4월 19일

지은이 콜라보하우스 1급 건축사 사무소
옮긴이 이지호
펴낸이 김기옥

실용본부장 박재성
편집 실용1팀 박인애
영업 김선주
커뮤니케이션 플래너 서지운
지원 고광현, 김형식, 임민진

디자인 제이알컴
인쇄·제본 민언프린텍

펴낸곳 한스미디어(한즈미디어(주))
주소 121-839 서울시 마포구 양화로 11길 13(서교동, 강원빌딩 5층)
전화 02-707-0337 | 팩스 02-707-0198 | 홈페이지 www.hansmedia.com
출판신고번호 제 313-2003-227호 | 신고일자 2003년 6월 25일

ISBN 979-11-6007-589-2 13540